南京水利科学研究院出版基金资助

海河流域骨干河道泥沙运动及桥梁联合阻水

姬昌辉　著

河海大学出版社
HOHAI UNIVERSITY PRESS
·南京·

图书在版编目(CIP)数据

海河流域骨干河道泥沙运动及桥梁联合阻水 / 姬昌辉著. -- 南京：河海大学出版社，2021.12
  ISBN 978-7-5630-7332-0

  Ⅰ. ①海… Ⅱ. ①姬… Ⅲ. ①海河-泥沙淤积-研究
Ⅳ. ①TV152

中国版本图书馆 CIP 数据核字(2021)第 250712 号

书　　名	海河流域骨干河道泥沙运动及桥梁联合阻水	
书　　号	ISBN 978-7-5630-7332-0	
责任编辑	金　怡	
责任校对	卢蓓蓓	
封面设计	张育智　吴晨迪	
出版发行	河海大学出版社	
地　　址	南京市西康路 1 号(邮编:210098)	
电　　话	(025)83737852(总编室)　　(025)83722833(营销部)	
经　　销	江苏省新华发行集团有限公司	
排　　版	南京布克文化发展有限公司	
印　　刷	广东虎彩云印刷有限公司	
开　　本	718 毫米×1000 毫米　1/16	
印　　张	7	
字　　数	133 千字	
版　　次	2021 年 12 月第 1 版	
印　　次	2021 年 12 月第 1 次印刷	
定　　价	49.00 元	

摘　要
ABSTRACT

　　本书采用资料收集、现场取样、土工颗粒试验、水槽试验、物理模型试验等方法,在总结海河流域骨干河道永定新河、独流减河、漳卫新河的来水来沙、泥沙分布情况及泥沙运动特性的基础上,进行泥沙启动、泥沙沉降试验,水流挟沙能力试验及桥梁阻水试验,为数学模型研究提供必要的基本参数。

　　在永定新河河口、独流减河河口及闸上、漳卫新河河口现场取沙样,通过土工颗粒试验,分析泥沙的粒径组成,在实验室沉降筒内研究泥沙沉降特征。通过室内大型变坡水槽试验,研究泥沙在不同水深条件下的启动速度,在已有的经验公式的基础上,确定拟合常数,得出适用于永定新河河口、独流减河河口、独流减河闸上河道、漳卫新河的泥沙启动公式。渤海湾内,考虑波浪作用下的泥沙启动建议采用窦国仁公式。

　　通过大型变坡水槽的水流挟沙能力试验,建立了海河流域骨干入海尾闾挟沙能力计算公式。渤海湾海域内的水流夹沙能力计算公式应考虑潮流与波浪共同作用下的影响,建议采用刘家驹公式。

　　桥梁阻水模型试验以独流减河挡潮闸上6 km河道作为模型范围,桥梁以已有的东风桥桥梁结构为原型,模型的平面比尺为300,垂直比尺为100。试验采用50年一遇洪水以及100年一遇洪水作为模型试验的水流条件,主要考虑了河道中无桥梁、单座桥梁,以及两座桥梁(间距200 m、500 m、1 000 m)五种工况。分析不同工况在不同水流条件下河道水位流速变化,研究两座桥梁的联合阻水影响。在试验的基础上,给出了数值模拟中桥桩的糙率计算公式,为研究多桥桩、多桥梁的阻水效应提供技术支撑。

目　录
CONTENTS

1

前言

随着经济社会的不断发展,人们对海河流域地下水的开发利用急剧增加,造成了严重的地面差异性沉降;海河流域气候干旱、暴雨集中,地面坡度大,土质疏松、植被稀疏等自然原因,及各种人为因素,综合造成了流域水土流失严重,从而导致了入海尾闾河道、河口淤积严重,极大地削弱了河道的泄洪能力;各种桥梁、港口码头工程、取排水工程、滩涂开发利用工程等取得了长足发展,还有大量岸线开发利用工程正在或将要规划兴建,这些桥梁及其他涉水建筑物工程的兴建,引起工程附近水域河床阻力、水流流态、过流能力等发生变化,进行工程对河道行洪安全的影响研究很有必要。

海河流域平原区河段以淤积为主,海河水系山区产沙量98.9%都淤积在平原河段、洼淀、蓄泄洪区以及水库中。除河道淤积外,河口淤积问题也是海河流域治理的三大技术难题之一,河口发生淤积的主要原因是潮波变形。涨潮流挟沙能力远大于落潮流,这样,涨潮水流带来的海相泥沙在落潮时无法带走,即造成河口淤积。目前海河流域淤积问题研究已取得一定成果,但对海河流域河道泥沙进行取样试验的成果较少。

本书针对海河流域骨干入海尾闾存在的河道地形沉降、河口开发、滩地利用以及跨河桥梁建设等引起的河道行洪能力降低、河口淤积、跨河桥梁不断增加及其他涉水工程阻水累积影响等防洪问题,开展泥沙运动试验研究,建立适合海河流域骨干入海尾闾的泥沙运动计算公式;通过物理模型试验,研究桥梁联合阻水的叠加效应,揭示桥梁对河道行洪能力的影响程度,为防洪调度等提供科学决策依据与技术支持。

本书得到南京水利科学研究院出版基金资助,所涉研究受水利部公益性行业科研项目"海河流域骨干入海尾闾数字河流模型技术研究"的资助,在研究过程中,来自水利部海河水利委员会科技咨询中心、河海大学、南京水利科学研究院的多位专家领导提供了基础资料,并给予指导和帮助,在此特表感谢!由于本人水平有限,书中内容难免存在疏漏与不足之处,敬请读者指正。

2

研究内容

2.1 研究内容

本书所研究内容依托的总课题为"海河流域骨干入海尾闾数字河流模型技术研究",内容包括:量化地面差异性沉降变化程度,分析其变化规律,进而在防洪决策时考虑地形变化的影响,对河道地形进行数字化研究,构建河道数字地形平台;对流域骨干入海尾闾河道、河口的冲淤变化进行研究,研究适用海河流域骨干入海尾闾的河道一维、局部河道二维以及渤海湾宽广区域二维等多尺度耦合模拟模型,综合考虑洪水、潮水、工程调度等方面影响;分析工程对河道整体影响的尺度不匹配问题,开展水沙模型中涉河工程的可视化构模研究;同时将对以上这些方面进行集成研究,进而构建海河流域骨干入海尾闾数字河流平台。

本书所研究内容包括:

(1) 总结海河流域骨干入海尾闾泥沙运动特征;

(2) 开展泥沙运动试验与计算模式研究;

(3) 开展独流减河桥梁阻力效应研究与阻力计算模式研究。

2.2 研究技术路线

通过文献检索、现场调研、现场取样、资料搜集等,了解掌握河道水文、泥沙、水工建筑物结构形式等资料。

通过主要河道泥沙现场采样、已有样品粒径分析,开展泥沙沉降试验、泥沙启动试验、挟沙能力试验;通过物理模型开展桥墩阻水影响研究。

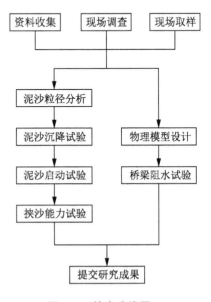

图 2-1　技术路线图

3

河道概况

3.1 永定新河

永定新河位于天津市区北侧,是天津市北部的防洪屏障,开挖于1971年,是永定河的主要入海尾闾,上游自永定河尾端屈家店泄洪闸起,下端在北塘镇与蓟运河交汇后,由原蓟运河口入海,全长66 km。永定新河位置图见图3-1。

图3-1 永定新河位置图

永定新河左岸有机场排水河、北京排污河、潮白新河、蓟运河汇入,右岸有金钟河、北塘排污河、黑猪河等河道汇入,各支流汇入口均设有挡潮闸以防海潮倒灌。永定新河是以深槽行洪为主的复式河道,大张庄以上为三堤两河,其中永定新河宽300 m,新引河宽200 m,大张庄以下河宽500~600 m。河底纵坡上段26 km为1/13 000,下段为1/9 000。自1971年开通行水以来,由于干流来水减少,河道长期被潮流控制,源源不断的海相来沙导致河道严重淤积,淤积末端以2.5 km/a的速度往下游推移。

3.2 独流减河

独流减河为大清河系洪水的主要入海尾闾。它位于天津市区南侧,河道从第六埠开始经西青、静海、大港等三个区县至海口防潮闸,全长67 km。

河道从第六埠开始至万家码头与马厂减河平交后经北大港入海。原设计流量 1 020 m³/s,河道全长 43.5 km。1969 年工程人员治理大清河中下游段时,对独流减河按 3 200 m³/s 规模进行了扩建。对上段(独流进洪闸至管铺头长约 18.5 km)进行了深挖、展堤和复堤,两堤堤距 850 m;对下段(管铺头到万家码头)进行了疏浚和堤防加固,河内开辟了南、北两个深槽,其中管铺头(18+450)至小孙庄(32+000)深槽底宽为 260 m,小孙庄(32+000)至万家码头(43+500)深槽底宽为320 m,两堤堤距 1 020 m。万家码头以下北大港段辟有宽 5 km 的行洪道,行洪道长18.7 km,其南北两侧分别开挖了一个 40 m 和 35 m 宽的深槽。行洪道下口东千米桥以下至工农兵防潮闸河道长 5.6 km,堤距 1 000 m,河内辟有底宽为120 m 的两个深槽。海口建有设计流量为 3 200 m³/s 的防潮闸一座(1994 年按原规模改建完毕)。防潮闸以下独流减河尾渠长 2 km,底宽 260～500 m。独流减河位置示意图见图 3-2。

图 3-2　独流减河位置图

3.3　漳卫新河

漳卫新河(原四女寺减河)原是卫运河的分洪河道,经几次治理,已成为卫运河主要洪水出路。漳卫新河自四女寺南、北进洪闸向东至大河口入渤海,河道总长度 257 km。漳卫新河上段由岔河和老减河组成,其中岔河自四女寺北进洪闸至大王铺,河道长度 43.4 km;老减河自四女寺南闸至大王铺,河道长度52.5 km;岔河自四女寺北进洪闸下进入德州市区,在新老城区之间穿过,至田龙庄出境进入河北省,进入吴桥县后经吴桥闸,在大王铺与老减河汇合,以下河道称为漳卫新河。岔河原为一条人工开挖的河道,左堤长 42.5 km,堤顶起点高程26.97 m,止点高程 23.24 m,顶宽 8.0 m。右堤长 42.5 km,堤顶高程23.27～26.97 m,顶宽 8.0 m;左右堤坡比迎水坡为 1∶4,背水坡 1∶3;河床为复式断面,河底纵坡 1/11 000,主槽底高程 10.91～15.86 m,主槽底宽 60 m,两堤堤距 350 m。漳卫新河位置示意图见图 3-3。

图 3-3   漳卫新河位置示意图

漳卫新河是漳卫河系输洪入海主要尾闾,承泄上游卫运河绝大部分流量,上自山东省武城县四女寺枢纽接卫运河,下至无棣县大口河入渤海,全长 257 km,是一条人工开挖的比较顺直的微弯型河道。漳卫新河上段分为岔河、老减河两支,河长分别为 44 km、53 km,岔河、老减河在大王铺汇合。

漳卫新河右侧为马颊河,是鲁北地区的主要排涝河道,左侧为宣惠河,是漳卫新河以北、南排水河以南区域的排涝河道,宣惠河与漳卫新河在大口河交汇。漳卫新河地处河北、山东两省交界处,涉及河北省的吴桥县、东光县、南皮县、盐山县、海兴县及黄骅市,山东省的德州市德城区、宁津县、乐陵市、庆云县及无棣县。

漳卫新河上共修建有 7 座拦河闸,利用河道主槽蓄水,总库容达 1 亿 m³,最下游为辛集挡潮蓄水闸,辛集闸以下为河口段,全长 37 km,河道总体走向由西南向东北。河口段河道左岸为河北省海兴县,右岸为山东省无棣县,两省以漳卫新河主槽为界。

宣惠河发源于河北省吴桥县王指挥庄,经吴桥、东光、南皮、孟村、盐山、海兴等六个县,汇入板堂河,全长 155 km,流域面积 3 031 km²。其主要支流有龙王河、沙河、宣南干沟、宣北干沟等。1957—1977 年先后修建了 9 座拦河闸,最下游为魏土白挡潮蓄水闸。

三条河流在海河流域水系中的位置见图 3-4。

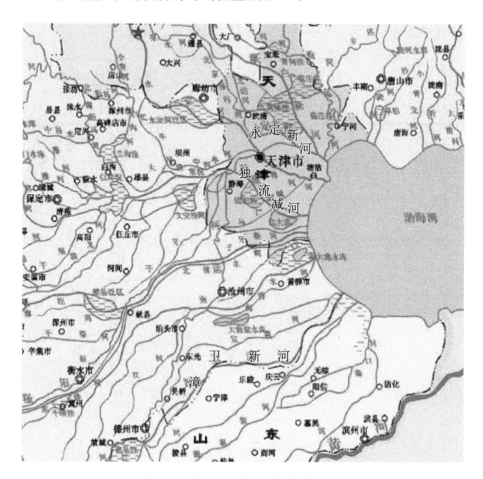

图 3-4　海河流域骨干入海尾闾位置图

4

河道泥沙特性

4.1 永定新河

4.1.1 来水来沙

永定新河河口位于渤海湾西北部湾顶附近,呈喇叭形,属淤泥质海相型河口。河道为感潮河道,径流和潮流是影响河道及河口冲淤变化的主要动力条件。口外大片淤泥浅滩在风浪和潮流的共同作用下,形成高含沙水体,并且在涨落潮流作用下,使河道发生较为严重的冲淤变化。

对于淤泥质入海河口,径流是维持河口生命的重要动力条件,年径流量多寡及其过程是造成河床冲淤变化的主要因素之一。永定新河自 1971 年开挖建成后,由于上游层层拦洪蓄水能力不断提高,一般年份下泄径流甚少。加之津、京地区水资源缺乏,屈家店枢纽闸闭闸时间长,年均过流时间仅一个月左右,枯水年份常年关闸,入海径流的绝大部分水量来自屈家店下游各汇入河道。永定新河及其主要支流 1972—2000 年水量统计资料表明,29 年中年均入海径流量为15.816 亿 m³,最多一年发生在 1977 年,为 50.131 亿 m³。而最少的一年是1983 年,只有 0.061 亿 m³。年均来沙量为 26.123 万 t(1972—1987 年)。从时段平均看,20 世纪 70 年代即 1972—1980 年间径流量相对较大,年均值为27.508 亿 m³。进入 20 世纪 80 年代径流量明显减少,1980—1990 年间,年均值为 7.811 亿 m³。进入 20 世纪 90 年代,入海径流量又有回升的趋势,1991—2000 年间,年均值为 13.298 亿 m³,特别是 1994 年、1995 年、1996 年 3 年,年平均值达到 32.457 亿 m³。汇入支流中,潮白新河和蓟运河径流量最大,多年平均汇入径流量分别为 6.756 亿 m³ 和 6.042 亿 m³,占全河道多年平均入海径流量的 78%。径流量主要发生在每年汛期 7 至 9 月份。潮白新河和蓟运河汛期径流量占其全年总量分别为 82.8% 和 85.1%。汛期多年平均入海径流量为12.155 亿 m³。

由上述资料分析可知,永定新河入海径流的特点是,年际丰枯悬殊,年内集中于汛期,上游径流逐年减少,入海径流主要来自尾部潮白新河、蓟运河两条支流。在 1972—1991 年 20 年资料中,潮白新河发生大于 1 500 m³/s 的洪峰流量共 7 次,分别为 1974 年、1976 年、1977 年、1978 年、1979 年、1987 年和 1988 年。洪峰流量分别为 1 590 m³/s、1 570 m³/s、1 830 m³/s、1 770 m³/s、1 970 m³/s、1 540 m³/s 和 1 800 m³/s。蓟运河发生大于 1 500 m³/s 的洪峰流量仅 2 次,为1977 年和 1990 年。洪峰流量为 1 590 m³/s、1 640 m³/s。而新引河、永定新河

（屈家店）最大洪峰流量只有 499 m³/s，永定新河河口处最大流量为 3 230 m³/s（1979 年 8 月）。

4.1.2 泥沙分布及运动特性

　　永定新河河口呈喇叭形，历史上为潮白河及蓟运河出口，距海河仅 10 余km。河口外有着广阔的淤泥质浅滩，岸滩坡度平缓。近岸较大范围滩面高程均在高、低潮位之间，高潮位时滩地被淹没，低潮位时滩地裸露。根据以往的研究，河口区 5~10 km 范围分布着表面容重为 1.1~1.3 t/m³、厚度 0.5~1.6 m 的新淤泥或浮泥，其最大厚度分布方向与涨、落潮潮流方向即河口区深泓线方向一致。河口区床面泥沙与河道内泥沙组成的物理特性大体相同，平均中值粒径为0.005~0.011 3 mm。悬沙中值粒径为 0.002~0.007 4 mm。这种细颗粒的新淤淤泥或浮泥，在风浪和潮流的综合作用下极易被掀起，形成高浓度的含沙水体并在河口地区含盐水体中发生较强的絮凝作用。絮凝后的泥沙结成群体下沉，加快了沉降过程。但这种絮凝不易固结，而以浮泥形式随涨、落潮流做往复运动。受河口区的潮波变形和河道流量匮乏影响，这种浮泥随纳潮水体进入河道形成泥沙淤积。在河口外发生风暴潮时，由于风大浪大，潮位增水，含沙量猛增，河道形成淤积。

　　2005 年南京水科院取得的河口及海域的实测资料表明，永定新河河口及口外依然有大片的浮泥和新淤淤泥存在，位置主要在天津港外航道北侧的抛泥区和永定新河河口外的浅滩上，这些地方是浮泥和新淤淤泥运动比较频繁的区域。与 2000 年相比，淤泥的分布范围变化不是很大，但淤泥厚度有减小的趋势，厚度主要在 0.2~0.8 m 范围。2005 年河口区床沙中值粒径 0.012~0.016 mm，较2000 年测量结果粗，口外海域床沙中值粒径 0.011~0.041 mm，其中大多区域中值粒径在 0.011~0.019 mm 之间。

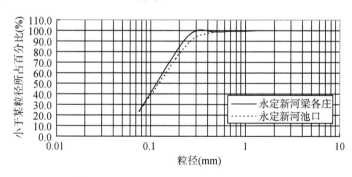

图 4-1　梁各庄、池口滩地泥沙粒径级配曲线

2013 年 5 月南京水科院在永定新河梁各庄、池口的滩地取样,进行颗分试验,测得中值粒径分别为 0.111 mm、0.155 mm(图 4-1)。可见,闸上滩地泥沙粒径为河口区泥沙粒径 10 倍左右。

永定新河自 1971 年开挖投入运行以来,径流量不断减少,年均入海径流仅为 15.816 亿 m³(1972—2000 年),年均来沙仅为 2 612 万 t(1972—1987 年),径流量平均含沙量为 0.14 kg/m³。即使径流来沙全部落淤河床,只占当时段总淤量的 14%左右。因此,造成河道内淤积的主要因素是随涨潮流上溯的海相来沙,及浮泥运动。

4.1.3 含沙量的一般特性

由于河口区滩面上泥沙为松软新淤淤泥或浮泥。因此,这种容重较小的新淤淤泥或浮泥在风浪、潮流作用下极易从床面上直接被掀起。根据 1997 年 5 月、2000 年 7 月现场水文测验资料,对某一固定点而言,含沙量、潮位(水深)、流速之间存在一定的关系。一般而言,流速大、水体含沙量也大,涨潮至中潮位附近流速出现峰值时,含沙量也出现峰值,但水体中含沙量的变化往往落后于流速的变化。含沙量与潮位(水深)也有一定的关系,一般在低潮位至中潮位之间含沙量较大,而在高潮时水深最大,含沙量最小。在相同风浪条件下,不同测点,由于水深、流速不同,含沙量在空间上存在一定的变化。其规律也是流速大含沙量大,流速小含沙量小。同样,水深大含沙量小,水深浅含沙量大。

风对含沙量的影响体现在两方面:一方面形成风拉流;另一方面形成风浪。相对而言,后者影响更大些。如前所述,永定新河河口区的波浪是由风引起的风生浪。由于这里滩地平缓,水深相对较浅,加上海底覆盖着大量的新淤淤泥或浮泥,因此,无论是向岸浪还是离岸浪,风浪的紊动作用使水体含沙量显著增大。水浅处,更因波浪破碎,水体含沙量剧增。例如,1995 年 2 月 11—12 日小潮测量期间平均风速 3.0 m/s,某测点的平均含沙量 0.2~0.46 kg/m³。而 2 月 14—15 日中潮测量期间平均风速为 4.4 m/s,相同测点的含沙量为 0.27~1.88 kg/m³,增大了 4 倍。又如 1997 年 5 月,中潮测量期间平均风速 3.6 m/s,最大风速是 7.5 m/s,4# 测点平均含沙量为 0.23 kg/m³,而大潮测量观测前一天遇到 8~10 m/s 的大风,最大风速达到 16 m/s,且持续时间约 4 小时,相应测点平均含沙量达 0.81 kg/m³,平均增大 3 倍多。再如,同为大潮的 2000 年 7 月测量前虽然也遇到 8~10 m/s 的大风,但未遇上更大的持续风作用。因此,同测点平均含沙量为 0.62 kg/m³,明显比 1997 年 5 月大潮含沙量小。1997 年大风浪后大潮实测涨潮平均含沙量在河口处为多年平均值的 17 倍,落潮为 13 倍。可见风浪对含沙量的影响很大。

2000年7月23日、9月2日两次对58＋000—90＋000,全程30 km的现场进行含沙量测量。7月23日无风天,9月1日风速为6.7 m/s,风向SE。9月2日风速为5.0 m/s,风向SE。含沙量测量乘潮进行,落潮由河道向海,涨潮由外海向河口,历时约3小时。由测量结果分析,无论涨潮过程还是落潮过程,口外(77＋000以外)及口内(63＋000,即彩虹桥以内),9月2日含沙量比7月23日大,而河口段两者大小并不单一。在海图标注的抛泥区附近含沙量比其以内区域要大些,且垂线分布比较复杂。

4.1.4 涨、落潮平均含沙量及其沿程分布

由于河口地区风浪、潮流动力及地形边界的特殊性,含沙量的变化也相当复杂。由于口里口外动力环境条件不一致,河口地区的含沙量与动力之间关系往往更为复杂。1997年5月大、中、小潮和2000年7月大潮水文测验范围从58＋000至河口外沿深泓约79＋000,沿程涨落潮平均流速和含沙量统计值见表4-1。平均流速从河口向口内大多数情况先呈减小过程,但含沙量却成倍增大,表明河道浮泥对含沙量的影响比水流动力更大。此外,虽然2000年7月大潮与1997年5月大潮潮差接近,涨、落潮平均流速也大体接近,但由于前者风浪比后者小,故平均含沙量前者也明显小于后者。

表 4-1(a)　1997 年 5 月大、中、小潮和 2000 年 7 月大潮涨、落潮平均流速和含沙量

项目			0#(58＋000)		1#(63＋000)		2#(67＋000)		3#(71＋000)	
			流速	含沙量	流速	含沙量	流速	含沙量	流速	含沙量
1997 年 5 月	15—16 日小潮	涨潮	0.41	47.17	0.50	4.59	0.39	4.02	0.18	1.53
		落潮	0.27	118.68	0.31	2.50	0.31	1.83	0.20	1.02
	19—20 日中潮	涨潮	0.56	78.20	0.54	3.97	0.38	3.01	0.28	1.51
		落潮	0.33	114.67	0.36	2.82	0.37	2.36	0.21	1.94
	24—25 日大潮	涨潮	0.54	103.30	0.68	17.25	0.50	7.57		
		落潮	0.37	120.70	0.45	11.25	0.50	5.10		
2000 年 7 月	19—20 日大潮	涨潮	0.49	12.09	0.69	6.65	0.41	0.80	0.32	0.77
		落潮	0.39	15.52	0.47	5.25	0.39	2.24	0.29	0.54

注:流速单位为 m/s;含沙量单位为 kg/m³。

表 4-1(b)　1997 年 5 月大、中、小潮和 2000 年 7 月大潮涨、落潮平均流速和含沙量

项目		4#		5#		6#		7#	
		流速	含沙量	流速	含沙量	流速	含沙量	流速	含沙量
1997年5月	15—16日小潮 涨潮	0.21	0.25			0.20	0.35	0.24	0.38
	落潮	0.17	0.12			0.15	0.23	0.21	0.37
	19—20日中潮 涨潮	0.22	0.25			0.18	0.26	0.24	0.29
	落潮	0.18	0.21			0.19	0.29	0.19	0.16
	24—25日大潮 涨潮	0.28	0.87	0.27	3.68	0.21	0.61	0.30	0.31
	落潮	0.22	0.74	0.22	1.86	0.15	0.57	0.22	0.29
2000年7月	19—20日大潮 涨潮	0.30	0.58	0.25	0.58	0.23	0.57	0.29	0.26
	落潮	0.27	0.67	0.24	0.42	0.19	0.52	0.24	0.19

注:流速单位为 m/s;含沙量单位为 kg/m³.

4.1.5　浮泥运动与河道含沙量变化

永定新河河口区存在大面积的淤泥和浮泥,这是频繁的人类活动与海岸动力作用相结合的产物。一般而言,大风天或之后 1~2 天后,河口区,特别是河口段水体中会出现浮泥运动,潮水中的含沙量会成几十倍增加。涨潮流进入河道后掀扬河底浮泥使水体的含沙量增大,向上游水体中的含沙量逐渐增大,见表4-2。由表可知 1994 年 6 月 21—22 日永定新河大潮实测含沙量、流速及潮差的变化。潮流在河道传播过程中,潮差是逐渐增大的。而涨落潮流流速在河道中则是缓慢减小的。事实上,虽然河道中涨潮流流速沿程缓慢减小,但由于水深沿程变小,河底浮泥逐渐被掀起使之悬浮,含沙量逐渐增大。

表 4-2　1994 年 6 月 21—22 日永定新河流速、含沙量及潮差沿程变化

断面位置	潮差(m)		平均流速(m/s)		平均含沙量(kg/m³)	
	涨潮	落潮	涨潮	落潮	涨潮	落潮
43+450	2.79	2.93	0.55	0.30	9.88	3.99
59+108	2.65	2.60	0.61	0.29	2.29	1.70
63+000	2.58	2.49	0.63	0.43	1.96	1.08

4.1.6　含沙量垂线分布特性

涨、落潮含沙量沿水深分布均呈上小、下大的变化规律,涨潮含沙量在表层

至 0.4h 处趋于均匀,而 0.4h 以下含沙量递增较大,底层含沙量是表层的 3~5 倍左右,落潮含沙量从表层向下逐渐增大,落潮表层含沙量比涨潮表层含沙量小,只有涨潮含沙量的 1/15~1/10。大风天,河口外水体中的含沙量沿垂线趋于均匀,而河口区及河道中河底会出现浮泥层,含沙量沿垂线骤变。在 1997 年 5 月大潮测量中,大浪过后,河口处(63+500)距河底 1.7m 范围内测到含沙浓度较高的浮泥层,测点含沙量剧增,临底达 77 kg/m³。

4.2 独流减河

4.2.1 来水来沙

独流减河自 1969 年扩挖以来,由于海河流域除个别年份外长期干旱,导致独流减河入海径流很小。除 1977 年最大泄量达到 1 090 m³/s 外,其余年份均不超过 1 000 m³/s。据 1971—2002 年统计资料,32 年累计入海径流量为 69.97 亿 m³,多年平均入海径流量为 2.19 亿 m³。其中以 1977 年入海水量最多,为 23.20 亿 m³;其次为 1995、1996 年,入海径流量分别为 12.83 亿 m³、13.41 亿 m³。有 16 年常年闭闸无径流下泄。

独流减河由于上游来水层层拦蓄、滞洪,由进洪闸下泄径流含沙量较小。"96·8"洪水期进洪闸实测含沙为 0.01~0.1 kg/m³。加之独流减河河道纵坡平缓,经过防潮闸入海径流基本为清水。

历史上黄河多次改道入渤海湾,黄河与渤海湾海岸和海底的形成和发展存在着极为密切的联系。黄河每年平均输沙 13.3 亿 t 入海,其中值粒径为 0.025 mm,其中粒径小于 0.005 mm 的占 19%。入海泥沙粒径相对较粗的部分沉积在黄河口外,形成河口沙咀,使河口不断向外海延伸。粒径较小的细颗粒泥沙随渤海湾涨落潮流向河口两侧扩散。黄河入海泥沙在风浪的作用下,可能随着潮流经过悬移、沉降、再悬移、再向前运移的反复过程向渤海湾内移动,这种移动的过程以沿渤海湾南岸漳卫新河口以南一带最为显著。独流减河河口附近海域沉积物属于细粉砂质淤泥。对于独流减河河口附近海域而言,来自上游的泥沙微乎其微,造成河口淤积的原因主要是附近海域浅滩历史上海相沉积泥沙的局部不平衡搬运。

4.2.2 泥沙分布特性

由 2008 年 7 月、2009 年 6 月上旬独流减河河口附近海域的滩面实测资料可知,2008 年 7 月实测泥沙中值粒径范围为 0.004 1~0.020 6 mm,平均中值粒径为 0.007 5 mm。泥沙粒级的平均含量为:砂占 10.36%、粉砂占 51.06%、黏土占 38.58%。2009 年 6 月实测泥沙中值粒径范围为 0.003 1~0.006 4 mm,平均中值粒径为 0.004 7 mm。泥沙粒级的平均含量为:粉砂占 63.27%、黏土占 36.73%。可见工程研究区海域沉积物均属于黏土质粉砂,泥沙粒径变幅较小。在平面分布上看,−1~4 m 等深线之间滩地泥沙颗粒略粗,独流减河河口南侧规划南港工业区造陆区以东的水域泥沙粒径相对较粗,4 m 等深线以外水深较大水域的粒径较小。两次现场实测沉积物粒径和较粗泥沙的分布略有差异,产生差异的原因可能主要与测量前调查海域经历的风浪大小不同有关,同时,也表明在一定动力条件下浅滩上的沉积物比较容易运移。

2013 年 5 月南京水利科学研究院在独流减河大桥边滩、挡潮闸下河道边滩取样,进行颗分试验,两处中值粒径分别为 0.025 mm、0.026 mm(图 4-2)。

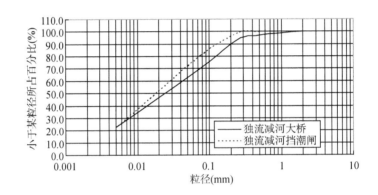

图 4-2　独流减河大桥、挡潮闸下河道边滩泥沙粒径级配

总体来看,独流减河河口区浅滩表层沉积物质以黏土质粉砂和粉砂质黏土等细颗粒物质为主,可见本区海域岸滩沉积物属于黏土质粉砂,这种类型的泥沙在风浪作用下极易掀扬、悬移,容易引起河口闸下近闸河段及开挖区的泥沙淤积。

4.2.3　含沙量一般特性

由 1976—2009 年期间不同气象和潮情条件下渤海湾水域含沙量卫星遥感信息可知,不同风向、风速(风浪)和潮情条件下,独流减河河口乃至渤海湾内近岸水域含沙量变化较大。一般而言,风浪越大、离岸越近(水深越小),水域水体含沙量就越大。

表 4-3 和图 4-3 是通过遥感资料分析给出的河口防潮闸不同里程的含沙量

值和离岸分布。由遥感资料分析图表可见,包括独流减河在内的渤海湾西海岸海域水体含沙量与波浪的大小及方向、潮位高低(即水的深浅)、潮汐强弱及海岸所处地理位置等条件密切相关,含沙量量值变幅较大,分布范围为 0.10~5.5 kg/m³。可以预计,在极端天气与风暴潮情况下,水体含沙量还将会更大。

表 4-3 独流减河河口海域遥感资料分析含沙量值(kg/m³)

里程(km) 日期	0	1	2	3	4	6	8	12	16	20
2009-04-08			1.78	0.78	0.63	0.39	0.43	0.38	0.19	0.17
2009-03-07	0.77	2.27	2.28	2.28	1.70	1.94	1.70	1.09	0.44	0.37
2007-04-08			1.88	1.65	1.03	0.65	0.52	0.51	0.28	0.20
2006-04-13				1.93	3.33	3.20	2.73	1.47	0.23	0.16
2005-06-29		1.39	1.54	1.37	1.13	0.83	0.73	0.60	0.31	0.28
2002-10-06				1.53	1.53	0.69	0.41	0.41	0.20	0.20
2000-03-06				4.76	5.28	1.49	0.84	0.68	0.30	0.22
1997-05-25					2.90	0.82	0.49	0.40	0.18	0.21
1988-11-23				0.80	0.87	1.16	0.62	0.56	0.21	0.19
1981-04-20					1.31	0.43	0.21	0.26	0.12	0.11
1979-03-26				2.50	1.08	0.82	0.73	0.55	0.24	0.24
平均值	0.77	1.83	1.87	1.96	1.89	1.13	0.86	0.63	0.25	0.21

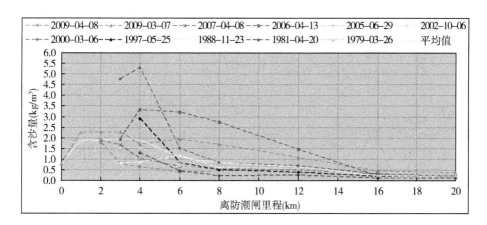

图 4-3 独流减河河口附近海域卫星遥感分析含沙量离岸分布

研究表明,独流减河河口区浅滩表层分布的主要为细颗粒淤泥质粉砂或粉砂质淤泥,该水域泥沙在风浪和潮流动力共同作用下极易被掀起,并随涨潮流主要以悬移质形式输移至闸下近闸河道淤积。

4.2.4 河口区冲淤变化

自 1969 年在河口建闸后,由于海河流域除个别年份外干旱少雨,缺乏下泄径流,独流减河防潮闸常年处于关闭状态,河口基本上被潮汐动力所控制,由此改变了河口的动力因素和边界条件。由于涨潮流速大于落潮流速,涨潮含沙量大于落潮含沙量,导致闸下淤积严重,河道断面逐年缩小,河口段泄流能力大幅度下降。将 2002 年 1 月实测的 1∶5 000 闸下河道地形图与 1998 年 3 月实测的河口地形图相比较,800 m 以前主槽深泓平均淤高约 0.43 m,两岸滩地平均淤高 0.1 m;闸下 800～2 000 m 的 0.0 m 和 0.5 m 等深线向外海延伸 200～400 m。

2000—2007 年独流减河防潮闸闸下近闸 2 km 河段 0m 等高线在平面上的变化情况见图 4-4。2005—2007 年防潮闸闸下清淤槽深泓线变化见图 4-5。由图可见,近 10 年来,在每年进行清淤的情况下,防潮闸闸下右侧边滩高程及范围变化不大,近闸河段河势比较稳定。如前文所述,上游来沙几乎为零,闸下每年清淤的泥沙来自河口外的浅滩泥沙回淤。

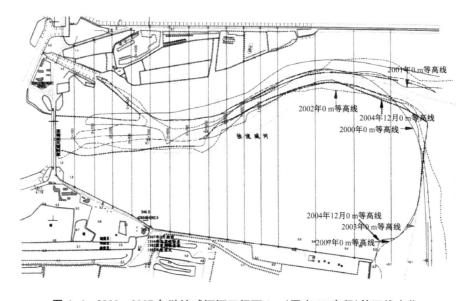

图 4-4 2000—2007 年独流减河河口闸下 0 m(国家 85 高程)等深线变化

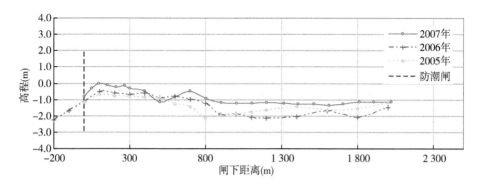

图 4-5　独流减河河口闸下清淤槽近年深泓线变化

4.3　漳卫新河

4.3.1　泥沙分布特性

根据水利部天津院 1993—1995 年沿漳卫新河河道进行的滩、槽泥沙取样分析,河道内泥沙的组成特性如表 4-4 所示。漳卫新河河道泥沙中值粒径为 0.013~0.038 mm,干容重为 1.284~1.431 g/cm³,河槽床沙平均中值粒径为 0.026 8 mm,心滩中值粒径为 0.031 4 mm。2003 年 6 月(汛前)和 9 月(汛后)在漳卫新河河口附近进行大、中、小潮全潮水文测验,对各测验站点的泥沙进行了采样分析,结果见表 4-5,泥沙的中值粒径在 0.011~0.044 mm 之间,悬浮泥沙中值粒径 0.011 mm。漳卫新河沿程桩号见图 4-6。

表 4-4　漳卫新河辛集闸下河道淤积物组成特性沿程分布表

取样位置		中值粒径 d_{50} (mm)	干容重 (g/cm³)	颗粒含量(%)		
桩号	位置			0.1~0.05 mm	0.05~0.005 mm	<0.005 mm
168+000	河床	0.029	1.419		98	2
	滩地	0.034	1.451	10	81	9
172+000	河床	0.027	1.399		91.5	8.5
	滩地	0.028	1.371		87.7	12.3
176+000	河床	0.027	1.377		87.7	12.3
	滩地	0.038	1.386	6	86.2	7.8

取样位置		中值粒径	干容重	颗粒含量（%）		
桩号	位置	d_{50}（mm）	（g/cm³）	0.1～0.05 mm	0.05～0.005 mm	<0.005 mm
180+000	河床	0.024	1.298		85	15
	滩地	0.030	1.517		91	9
184+000	河床	0.021	1.284		83	17
	滩地	0.027	1.452		75.5	15.5
188+000	河床	0.013	1.423	5.5	75.5	19
	滩地	0.014	1.408	6.5	73	20.5
191+990	河床	0.021	1.431		90.5	9.5
196+712	河床	0.027	1.356	4	87	9
200+344	河床	0.035	1.400	40	51	9

表 4-5　2003 年 6 月(汛前)和 9 月(汛后)测验站泥沙取样分析表

时期	测站编号	沙样类型	小于某直径土重之百分数（%）				中值粒径
			<0.5	<0.25	<0.075	<0.005	d_{50}（mm）
汛前	1#	床沙		100	93	9.4	0.038
	2#				100	32.2	0.014
	3#		100	95	90.3	26.2	0.028
	4#			100	97.7	11.9	0.034
	5#				100	20.5	0.027
	6#		100	99.9	82.5	10	0.044
	7#				100	35	0.011
	悬沙			100	98.8	53.9	
汛后	1#	床沙		100	98.6	19.7	0.029
	2#		100	98.6	86.2	27.7	0.025
	3#				100	32.7	0.014
	4#			100	95.2	15.5	0.034
	5#			100	92.4	16.5	0.033
	6#		100	99.8	86.1	8.3	0.041
	7#				100	45.8	0.006
	悬沙			100	30.8		0.011

注：5#、6#、7# 为河口外取样点。

2013年5月南京水科院在漳卫新河大河口滩地取沙,进行粒径级配分析,结果表明该处泥沙中值粒径0.164 mm(图4-7)。由于取样地点处于滩地,因此中值粒径远大于河槽及口外海域底沙的中值粒径。

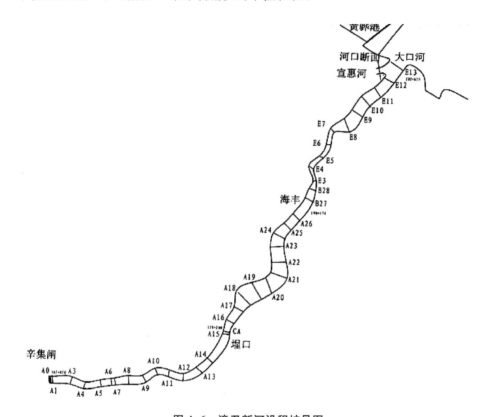

图4-6 漳卫新河沿程桩号图

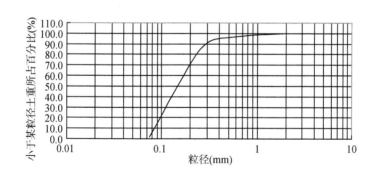

图4-7 漳卫新河大河口滩地泥沙级配曲线

4.3.2 含沙量的一般特性

河口区水体含沙量大小取决于风浪条件,小风天含沙量小,大风天含沙量显著增大。河道内水体的含沙量一方面取决于口外含沙量,另一方面在河道内又由于受潮波变形的影响在沿程有所变化。表 4-6、表 4-7 为 1993—1995 年和 2003 年全潮水文测验各断面的含沙量平均值。表中数据显示,在 1993—1995 年期间河道内各断面的涨潮平均含沙量一般都大于落潮平均含沙量,说明这期间不平衡输沙将使相应河段产生淤积。尤其是 1993 年,不仅同断面涨潮平均含沙量远大于落潮平均含沙量,而且涨潮水流从下游断面向上游断面运动时,受潮波变形的影响,含沙量沿程增大。2003 年的断面测量中部分断面的涨潮平均含沙量小于落潮平均含沙量,表明目前该河道在一定的潮流动力条件下会有冲刷现象发生。

表 4-6 1993—1995 年漳卫新河河道含沙量(kg/m³)

年份	断面	涨潮平均	落潮平均
1993 年	179+244	7.08	4.63
	202+248	2.15	1.37
1994 年	186+000	0.97	0.93
	191+990	1.20	1.24
1995 年	202+248	0.89	0.70

表 4-7 2003 年漳卫新河河道水文测站断面含沙量(kg/m³)

测站位置	涨潮	落潮
1#(192+090)	0.84	0.98
2#(200+344)	0.60	0.61
3#(XH13)	0.41	0.39
4#(202+655)	0.56	0.43

4.3.3 泥沙运动一般特性

通过上述漳卫新河河道水流动力条件、河道泥沙特性和河道含沙量变化的分析,可以获得漳卫新河河道泥沙的基本运动特性。该段河道径流匮乏,潮流动力成为河道控制性动力条件。河口外滩地上被掀起的泥沙随涨潮流进河道,由于涨潮流流速沿程增大,当流速增大到泥沙的启动流速时,能将河道床面上的泥沙掀起向上游输移。2003年6月河道不同断面实测潮位、流速、含沙量过程线显示,在涨潮初期,流速、含沙量逐渐增大,输沙率较强。当潮位达到高潮位时,由于水位抬高,水深增大,流速减小,水流的挟沙能力降低,含沙量也随之下降,一部分泥沙在此过程中落淤在河床上。至憩流期,流速接近零,此时断面含沙量趋于最低。其后落潮时,流速随潮位的降低由减小到逐渐增大,当潮位落到最低时,流速增大较快,此时含沙量较大,接着下一个涨潮开始,流速迅速增大,泥沙数量变化过程又轮回到前一个循环。在潮涨潮落过程中不断有泥沙在河床上落淤,使河道发生淤积。

4.3.4　河床冲淤变化

漳卫新河经1973年扩大治理投入运用以来,由于上游缺少径流下泄,辛集闸以下河道长期受潮汐水流动力作用,河道泥沙淤积严重。根据以往的大断面测量资料分析,各时段冲淤量统计见表4-8。到2003年5月,海丰以上累计淤积量达983.5万 m^3,平均每千米淤积37.83万 m^3。其中1973到1994年,河道逐年淤积,累计淤积量为1 271.1万 m^3,年平均淤积量60.5万 m^3。这期间的1992—1994年的两年间,共淤积152万 m^3,年平均淤积量达到76 m^3。从1995年开始,河道有少量冲刷,尤其经1996年8月洪水后,主槽普遍冲刷,据测量计算,这次洪水净冲刷量可达500万 m^3。到1999年,累计淤积量减少至945万 m^3。从1999年2月至2003年5月,淤积量为38.5万 m^3,年平均淤积量9.1万 m^3,淤积速率明显减缓。与此同时,海丰以下,从1993年开始出现了冲刷,1996年洪水期间,整个河道普遍发生冲刷,1999年以后年冲刷量相对减小。

对照辛集闸历年过流量和漳卫新河辛集闸以下河道冲淤量可以看出,径流大小对漳卫新河淤积量有直接影响。漳卫新河从1973年到1994年多年年平均淤积量为60万 m^3。其中1989年到1992年的三年中辛集闸有一次中等泄洪过程,泄流流量216 m^3/s,三年平均年淤积量为39.3万 m^3,明显小于多年平均值。而1992年至1994年的两年中,辛集闸过流量较多年平均泄洪流量明显偏小,相应的两年平均年淤积量则达到76万 m^3,较多年平均淤积量增加。1996年8月大洪水期间,河道则由原来的淤积转为冲刷。因此,漳卫新河的冲淤演变受河道径流影响明显。

辛集闸以下河道淤积的总趋势是连年抬高,严重淤积段逐年向下游推移。河床淤高幅度从辛集闸自下游呈递减趋势。

漳卫新河河道无论是在自然淤积过程(1973—1994年),还是1996年洪水冲刷后的调整过程,河道宽度均较设计断面有不同程度的减小,河道稳定形态向上游窄、下游相对宽深方向发展。

表 4-8　漳卫新河辛集闸以下河道冲淤量

区段	时段	年数(年)	时段淤积量 （万 m³）	年平均 （万 m³）	累计淤积量 （万 m³）
海丰以上	1973 年 5 月—1989 年 5 月	16	994.6	62.2	994.6
	1989 年 5 月—1992 年 5 月	3	117.9	39.3	1 112.5
	1992 年 5 月—1993 年 7 月	1.17	90.3	77.2	1 202.8
	1993 年 7 月—1994 年 6 月	0.92	68.3	74.2	1 271.1
	1994 年 6 月—1996 年 10 月	2.33	−391.1	−167.9	880
	1996 年 10 月—1999 年 2 月	2.33	65	27.9	945
	1999 年 2 月—2003 年 5 月	4.25	38.5	9.1	983.5
海丰以下	1993 年 7 月—1994 年 6 月	0.92	−16.7	−18.2	−16.7
	1994 年 6 月—1995 年 6 月	1	−52.5	−52.5	−69.2
	1995 年 6 月—1999 年 2 月	3.667	−116.4	−31.7	−185.6
	1999 年 2 月—2003 年 5 月	4.25	−59.4	−14.0	−245.0

5

泥沙运动特征试验研究

为研究海河流域骨干入海尾间的泥沙运动特性,2014年4月对永定新河河口、独流减河河口、独流减河闸上5 km、独流减河闸上2 km、漳卫新河闸下10 km、漳卫新河河口的河床泥沙进行现场取样,取样点位置见图5-1(a)、(b)、(c)。现场取样照片见图5-2,泥沙用塑料桶封装运回实验室进行泥沙特性试验。

图5-1(a)　永定新河泥沙采样点

图5-1(b)　独流减河泥沙采样点

图 5-1(c)　漳卫新河泥沙采样点

图 5-2　现场采样照片

5.1　泥沙粒径组成

对河床泥沙进行土工颗分试验,得到各取样点泥沙的参数见表 5-1。从颗粒组成上来看,永定新河河口以细砂为主(占 39.2%),同时黏粒和粉粒也占较大比例。独流减河河口、独流减河闸上 5 km、独流减河闸上 2 km、漳卫新河闸下 10 km、漳卫新河河口泥沙均以粉粒为主(60.5%以上),其中独流减河河口和独流减河闸上 5 km 的黏粒含量仅次于粉粒,含量分别为 22.1%、12.9%,细砂含量相对较少,漳卫新河闸下 10 km、漳卫新河河口的泥沙黏粒和细砂含量基本相当,独流减河闸上 2 km 的泥沙中细砂和黏粒均含量较小。

从粒径上来看,永定新河河口泥沙中值粒径 0.043 mm,相对较粗,本次永定新河河口泥沙取样位置在河口以内的滩槽交界附近,这可能是导致与以往取样结果有所不同的原因。独流减河河口泥沙中值粒径为 0.007 mm,相对较细,与 2008 年测量结果接近。独流减河闸上 5 km 中值粒径为 0.023 mm,独流减河闸上 2 km 中值粒径为 0.012 mm,基本上在 2008 年实测泥沙中值粒径的变化范围之内。漳卫新河闸下 10 km、漳卫新河河口泥沙中值粒径为 0.032 mm,在1993—1995 年、2003 年实测泥沙粒径变化范围之内。历来测量资料的泥沙中值粒径有所差异可能与该区域受海域风浪影响有关。

表 5-1　泥沙土工颗分试验表

土样位置	颗粒组成				界限粒径				界限系数	
	中砂 >0.25	细砂 0.25~ 0.075	粉粒 0.075~ 0.005	黏粒 <0.005	有效 粒径 d_{10}	中间 粒径 d_{30}	平均 粒径 d_{50}	限制 粒径 d_{60}	不均 匀系 数 C_u	曲率 系数 C_c
单位	%	%	%	%	mm	mm	mm	mm	—	—
永定新河 河口	9.0	39.2	24.3	27.5	0.002	0.006	0.043	0.102	51	0.18
独流减河 河口		6.9	71.0	22.1	0.003	0.006	0.007	0.01	3.33	1.2
独流减河 闸上 5 km		2.8	84.3	12.9	0.004	0.01	0.023	0.029	7.25	0.86
独流减河 闸上 2 km		6.3	85.3	8.4	0.006	0.008	0.012	0.017	2.83	0.63
漳卫新河 闸下 10 km		20.9	60.5	18.6	0.003	0.013	0.032	0.041	13.67	1.37
漳卫新河 河口		10.3	75.8	13.9	0.003	0.021	0.032	0.037	12.33	3.97

5.2　泥沙容重变化

　　取各取样点的泥沙在加水充分搅拌悬浮后,分别倒入 1 000 mL 的玻璃量筒进行泥沙容重变化试验(图 5-3)。首先测量空玻璃量筒的质量,泥沙样品倒入量筒后再次测量其质量,并通过量筒中水体的体积计算水的质量,从而得到泥沙质量,计算得到其容重。初始时泥沙的容重变化较快,每天测量 1 次,在泥沙容重变化较小的情况下,每隔 3 天测量 1 次,后期容重基本不变化的情况下,5 天以上测量 1 次。

　　永定新河河口、独流减河河口、独流减河闸上 5 km、独流减河闸上 2 km、漳卫新河闸下 10 km、漳卫新河河口的泥沙容重变化见图 5-4。总体上看,在 3 天以内,泥沙容重变化幅度较大,在第 3~6 天以内,泥沙容重变化较小,7 天以后,泥沙容重变化很小。

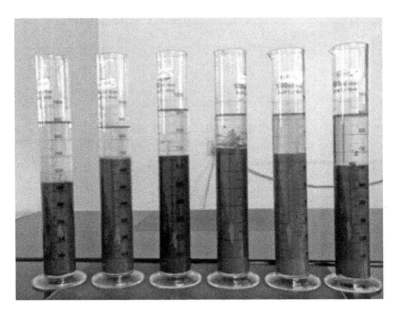

图5-3　容重变化试验照片

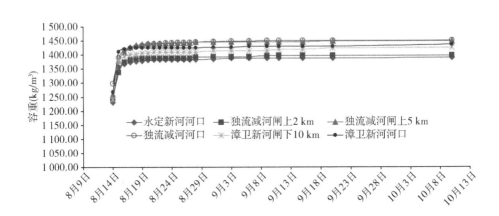

图5-4　各取样点泥沙容重随时间变化图

　　试验表明,一个月后,不同取样点的泥沙容重基本在1 400 kg/m³左右,各取样点的泥沙容重见表5-2,泥沙容重在1 387.56～1 449.89 kg/m³。

表 5-2　泥沙初始容重及稳定后容重统计表

取样位置	泥沙容重（kg/m³）	
	初始时	一个月后
永定新河河口	1 231.00	1 389.21
独流减河闸上 2 km	1 240.76	1 387.56
独流减河闸上 5 km	1 260.10	1 447.96
独流减河河口	1 298.21	1 449.89
漳卫新河闸下 10 km	1 241.72	1 410.42
漳卫新河河口	1 267.55	1 425.40

5.3　泥沙沉降试验

　　河口水体中细颗粒泥沙通常不以单颗粒状态存在,而是以一定的结构同周围其他的颗粒结合在一起。这种相邻颗粒通过一定条件形成集合体的行为称之为絮凝,由絮凝形成的结构体称之为絮凝体。

　　对于泥沙沉降问题,多年来国内外进行了较多的研究。本次研究采用重复深度吸管法,在筒中的不同高度进行取样,并测得该位置处泥沙的浓度。在试验的过程中,测量不同时刻沿水深的浓度分布,然后依据含沙量的变化,求得颗粒的沉降速度。这种方法可以求得不同水深处的沉速随时间的变化规律。

　　泥沙沉降规律是泥沙运动规律的一部分,这里通过泥沙沉降试验为后续泥沙冲刷试验中所需的泥沙沉降参数提供支撑。

　　在试验室里,用有机玻璃制作了高 2.0 m、直径 0.5 m 的圆筒,圆筒自下向上每隔 0.2 m 开一小孔,安装软管,其结构如图 5-5(a)、(b)所示。试验开始时,采用人工的方法,充分搅拌浑水体,以达到初始含沙浓度均匀的目的。含沙浓度基本均匀后,开始计时试验。每隔一定时间,通过软管取出少许浑水,用光电法、比重瓶法测定浑水体含沙浓度,并且两种方法同时使用,相互校核。

　　泥沙沉降的初始浓度取已有研究资料中各采样点附近泥沙的含沙量,初始含沙量 1.2～1.6 kg/m³,经过计算,各取样点的沉速见表 5-3,各取样点在不同高度下的沉速变化曲线见图 5-6。由图可见,各条河流的泥沙沉降速度总体上呈现随水深增大而增大的变化规律。其中,独流减河闸上 2 km 处的取样点泥沙沉降速度相对较大,但也与其他几个取样点泥沙沉降速度在同一量级。

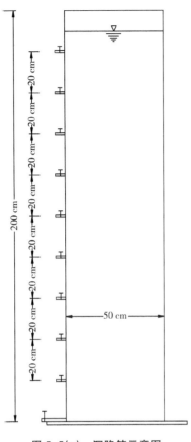

图 5-5(a)　沉降筒示意图　　　　　　　　图 5-5(b)　沉降试验照片

表 5-3　泥沙沉降速度

水深 (m)	沉降速度(cm/s)					
	永定新河河口	独流减河河口	独流减河闸上 5 km	独流减河闸上 2 km	漳卫新河闸下 10 km	漳卫新河河口
0.8	0.056	0.044	0.083	0.037	0.042	0.037
1.0	0.069	0.046	0.104	0.040	0.052	0.046
1.2	0.071	0.056	0.100	0.042	0.077	0.048
1.4	0.069	0.065	0.097	0.038	0.073	0.056
1.6	0.078	0.074	0.111	0.038	0.083	0.056
1.8	0.075	0.071	0.100	0.038	0.094	0.048

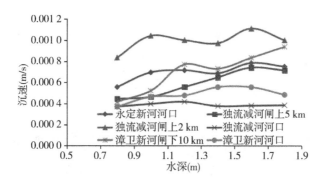

图 5-6　取样点不同高度下沉降速度图

5.4　泥沙启动试验

在很大程度上,细颗粒泥沙较难以启动是细颗粒泥沙之间的黏结力作用的结果。一般情况下,研究黏性土的启动时,有两种不同的情况:一种是自然沉降下来,新淤未久,没有完全密实的泥沙;一种是淤积时间较长、经过物理化学作用、形成黏土矿物的黏性土。本次试验所用泥沙采自河床表层,在实验前充分搅动,自然沉降,属于第一种情况。

试验在长 40 m、宽 60 cm、高 60 cm 的大型变坡水槽中进行[图 5-7(a)、(b)、(c)],在水槽的中段设置长 1.5 m,深 0.30 m 的凹槽作为泥沙启动的试验段,试验前先在水槽中注水,试验段两侧封堵,泥沙在试验段充分搅动,泥沙沉降后,测量其容重,在容重为 1 400 kg/m³ 左右时开始试验。每组泥样进行不同水深下的启动试验,试验水深分别取 10 cm、15 cm、20 cm、25 cm、30 cm;试验中观察泥沙的启动情况,并测量泥沙启动时水槽的流速、水深。

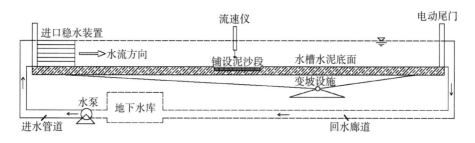

图 5-7(a)　变坡水槽试验示意图

图 5-7(b)　水槽试验照片

图 5-7(c)　水槽试验照片

　　不同的水流条件下,各取样点泥沙启动流速(U_c)与水深(h)关系见图 5-8。随着水深的增大,永定新河、独流减河、漳卫新河的泥沙启动流速也呈增大趋势。从水深对泥沙启动流速的影响程度来看,永定新河河口、独流减河河口泥沙启动流速随水深增大程度相对较大。

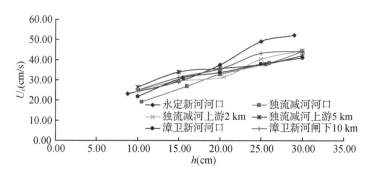

图 5-8 启动流速与水深关系图

对于细颗粒泥沙,其启动流速可以用下式来确定。

$$\frac{U_c^2}{g} = (a_3 + a_4 \frac{h}{h_a}) \frac{h_a \delta}{D} \tag{5-1}$$

式中:U_c 为启动流速(cm/s),g 为重力加速度(cm/s²),D 为泥沙粒径(cm),h 为水深(cm),h_a 为用水柱高度表示大气压力(10^3 cm),δ 为水分子厚度(3×10^{-8} cm),a_3、a_4 为需要通过试验确定的常数。

通过每组泥沙启动水槽试验数据可以得到适用于不同河道泥沙启动公式的 a_3、a_4 值。永定新河河口泥沙启动公式通过其泥沙水槽试验结果推算。独流减河三个取样点的泥沙粒径分布差别相对较大,为计算研究方便,以河口挡潮闸为界,将河道分为河口及闸上河道研究,独流减河河口泥沙启动公式通过河口泥沙水槽试验结果推求,独流减河闸上河道泥沙启动公式以独流减河闸上 2 km、5 km 两个取样点的泥沙水槽试验结果为基础推求。漳卫新河泥沙启动公式以漳卫新河闸下 10 km、漳卫新河河口泥沙启动试验结果为依据推算。得出 a_3、a_4 值后,代入式(5-1)得到如下启动公式。

永定新河河口:$\dfrac{U_c^2}{g} = \left(-99 + 17\,130 \dfrac{h}{h_a}\right) \dfrac{h_a \delta}{D}$

独流减河河口:$\dfrac{U_c^2}{g} = \left(-12 + 1\,920 \dfrac{h}{h_a}\right) \dfrac{h_a \delta}{D}$

独流减河闸上河道:$\dfrac{U_c^2}{g} = \left(5 + 4\,409 \dfrac{h}{h_a}\right) \dfrac{h_a \delta}{D}$

漳卫新河:$\dfrac{U_c^2}{g} = \left(9 + 6\,591 \dfrac{h}{h_a}\right) \dfrac{h_a \delta}{D}$

其中,独流减河闸上河道泥沙粒径 D 取闸上 2 km、5 km 的平均值 0.022 mm。

得到的泥沙启动公式可以在每条河流的泥沙数值模型中为泥沙启动流速的计算提供技术支持。

不同水流条件下,各组泥沙启动流速计算值与水槽试验值的对比情况见图 5-9 (a)、(b)、(c)、(d)。

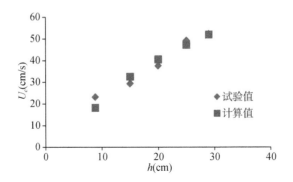

图 5-9(a)　永定新河泥沙启动流速试验值与计算值对比图

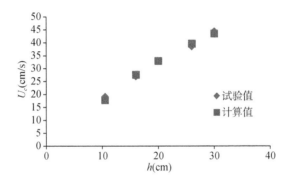

图 5-9(b)　独流减河河口泥沙启动流速试验值与计算值对比图

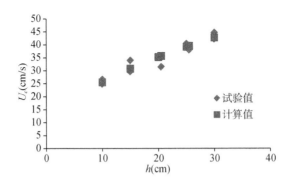

图 5-9(c)　独流减河闸上河道泥沙启动流速试验值与计算值对比图

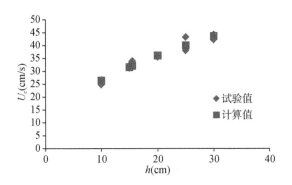

图 5-9(d) 漳卫新河泥沙启动流速试验值与计算值对比图

渤海湾内,考虑波浪作用下的泥沙启动公式采用窦国仁公式:

$$U_c = \sqrt{0.079 \, (L/\Delta)^{1/2} \left[3.6 \frac{\rho_s - \rho}{\rho} gd + \beta_d \beta \frac{\varepsilon_0 + gh\delta \, (\delta/d)^{1/2}}{d} \right] + \left(0.03 \frac{\pi d}{T} \right)^2 } - \left(0.03 \frac{\pi d}{T} \right)$$

式中:L 为波长;d 为中值粒径;Δ 为粗糙高度,当 $d \leqslant 0.5$ mm 时,$\Delta = 1.0$ mm,当 $d \geqslant 0.5$ mm 时,$\Delta = 2d$;$\beta = \left(\frac{\rho' - \rho}{\rho'_* - \rho} \right)^{5/2}$,$\rho'$、$\rho'_*$ 为泥沙的湿密度与稳定湿密度,$\rho'_* = \rho + 0.68(\rho_s - \rho) \, (d/d_0)^n$,$n = 0.08 + 0.014(d/d_{25})$;$\beta_w = (d/d_1)^{3/4}$,$d_1 = 0.15$ mm;$\varepsilon_0 = 1.75$ cm³/s²;$\delta = 2.31 \times 10^{-5}$ cm;T 为波周期。

5.5 挟沙能力试验

挟沙能力指具有一定水力因素的单位水体所能挟带的悬移质泥沙数量。在一般情况下,水流中所挟带的冲泄质常处于不饱和状态,而只有床沙质能处于饱和状态。这里所研究的水流挟沙能力指水流所能挟带的悬移质中床沙质的能力。水流挟沙能力关系到河床的冲淤变化,对泥沙数值模型来说是个重要的参数。

由已有的研究成果可知,我国目前应用较多的是武汉水利电力学院公式,即

$$S = k \left(\frac{U^3}{gh\omega} \right)^m \tag{5-2}$$

式中:S 为水流挟沙能力;U 为水流流速(cm/s);g 为重力加速度(cm/s²);h 为水深(cm);ω 为泥沙沉降速度(cm/s);k、m 为需要通过试验确定的系数。

泥沙挟沙能力试验同样在长 40 m、宽 60 cm、高 60 cm 的大型变坡水槽中进

行,每组泥沙结束启动试验后,再进行挟沙能力试验,试验控制水深在 10～17 cm之间,逐渐加大水流流速,直至水槽底部铺设的泥沙被冲刷至稳定状态,此时水体中的含沙量通过设置在水槽中铺沙段下游的浊度仪测量,相应的水流平均流速通过设置在铺沙段的旋桨流速仪测量。水槽见图 5-7(a),试验照片见图 5-10。

根据永定新河河口、独流减河闸上 5 km、独流减河闸上 2 km、独流减河河口、漳卫新河河口各取样点的水流挟沙能力水槽试验结果,建立挟沙能力 S 与 $\dfrac{U^3}{gh\omega}$ 之间的幂函数关系,如图 5-11 所示。

可以得到海河流域骨干入海尾闾(永定新河、独流减河、漳卫新河)的挟沙能力公式为:$S = 0.006\left(\dfrac{U^3}{gh\omega}\right)^{0.50}$,该公式为主要考虑河道水流作用的挟沙能力公式,没有考虑波浪的影响。

图 5-10　水槽试验照片

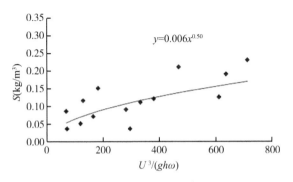

图 5-11　水槽试验 S 与 $\dfrac{U^3}{gh\omega}$ 关系图

而对于渤海湾内,考虑潮流与波浪共同作用下的挟沙能力采用《海港水文规范》推荐的刘家驹公式:

$$S = 0.027\,3\gamma_s \frac{(|V_1| + |V_2|)^2}{gh} \tag{5-3}$$

式中:V_1、V_2 分别为潮流速度与波浪水质点平均水平速度,$V_2 = 0.2(H/h)C$,H 为波高,C 为波速;γ_s 为泥沙容重。

5.6 小结

研究河道的泥沙容重随时间呈增大趋势,3 天以内,容重变化幅度较大,3 天以后,泥沙容重变化幅度较小,不同取样点的泥沙容重稳定后基本在 1 400 kg/m³ 左右。

泥沙沉降试验表明,各条河流的泥沙沉降速度基本上呈水深越大,沉速越大的规律。其中,独流减河闸上 2 km 处的取样点泥沙沉降速度最大。

通过室内大型变坡水槽试验,研究骨干河流的泥沙启动流速,在已有泥沙启动经验公式的基础上,拟合公式参数,得出适用于永定新河河口、独流减河河口、独流减河闸上河道、漳卫新河的泥沙启动公式。

通过室内大型变坡水槽,开展水流挟沙能力试验,根据试验结果及已有的经验公式,建立了海河流域骨干入海河道挟沙能力计算公式。

泥沙运动特征的试验研究可为海河流域河道淤积治理工程的数值模拟及物理模型试验中泥沙运动相关参数的选取提供参考。

6

桥梁阻水研究方法

6.1 桥墩阻水计算方法

非一跨过河的跨河桥梁由于桥墩的阻水作用,水流经过桥墩时,河道水位在桥墩前会有一定程度的壅高,桥梁的上游河道两岸也有不同程度的壅水现象产生。有时同一条河上跨河桥梁较多,因相距较近还会产生联合的阻水影响,对河道的行洪影响可能更大。桥墩壅水高度的确定对河道的防洪安全和桥梁的设计具有重要意义。桥墩阻水的影响因素较多,包括桥墩的尺度、形状、布置形式,河道的尺度、形态、糙率、水流条件等。对于桥墩壅水的计算方法,前人已经取得了大量的研究成果,但是,由于适用条件不同,这些公式的计算结果常常存在较大差别。这里将常用的计算方法总结如下。

（1）Yarnell 公式

$$\Delta Z = 2K(K + 10\omega - 0.6)(\alpha + 15\alpha^4)\frac{V^2}{2g}$$

式中：ΔZ 为水位壅高；K 为桥墩形状系数,取值见表 6-1；$\omega = \frac{V^2}{2gH}$,其中,V 为桥下游断面流速,H 为桥下游断面水深；$\alpha = \frac{A'}{A}$ 为桥墩阻水比,其中,A' 为桥墩迎水面积,A 为桥下游断面过水面积。

该公式考虑较为全面,考虑了墩型系数、桥墩阻水比等影响因素,但是部分学者的研究指出该公式计算结果与试验结果相比偏小。

（2）Henderson 公式

$$\Delta Z = (1 + \eta)\frac{V_2^2}{2g} - \frac{V_1^2}{2g}$$

式中：η 为与桥墩形状有关的 Henderson 系数,矩形桥墩取 0.35,圆形墩取 0.18；V_1 为桥前流速；V_2 为桥下流速。

该公式同时应用于跨渠道桥梁和跨河流桥梁的壅水计算,对大糙率的天然河流有较好的适应性。经我国铁道部桥梁科研所大量的野外实地调查资料验证,该公式计算结果比较符合实测值。不足之处是参数的选取过于粗略,而且未考虑桥下冲刷的影响。

（3）无坎宽顶堰公式

$$\Delta Z = \frac{Q^2}{2g\mu_1^2 A_2^2} - \frac{V_1^2}{2g}$$

式中：μ_1 为流量系数，与桥墩墩头形状有关，取值见表 6-1，其中 $\sigma = 1 - \alpha$，α 为桥墩阻水比；A_2 为桥下过水总面积；V_1 为桥前流速。

有研究表明，该公式应用于大中型跨河桥梁壅水计算时往往会存在较大误差，其主要原因可能是无坎宽顶堰公式并不适用于阻水比小于 10% 的桥梁，以及公式中未考虑桥下冲刷。

表 6-1　桥墩形状系数 K、流量系数 μ_1

桥墩形状	K	μ_1		
		$\sigma = 0.9$	$\sigma = 0.8$	$\sigma = 0.4$
半圆形墩头和墩尾	0.90	0.94	0.92	0.95
有连接隔墙的双圆柱墩	0.95	0.91	0.89	0.88
无隔墙的双圆柱墩	1.05	0.91	0.89	0.88
90°三角形墩头、墩尾	1.05	0.95	0.94	0.92
方形墩头和墩尾	1.25	0.91	0.87	0.86

（4）修正 Yarnell 公式

Charbeneau 和 Holley 详细研究了桥墩阻水比、Froude 数、桥墩形状对阻水的影响，修正了 Yarnell 公式。

$$\Delta Z = \beta K_Y (K_Y + \chi 10 \omega - 0.6)(\alpha + 15 \alpha^4) \frac{V_3^2}{2g}$$

式中：β、χ 为修正系数，取值见表 6-2；V_3 为桥后流速。

表 6-2　修正系数 β、χ

桥墩形状	β	χ
半圆形墩头和墩尾	0.65	0.69
圆形墩头和墩尾	1.24	0.40

（5）道布松公式

$$\Delta Z = \eta (\overline{V}_M^2 - \overline{V}_0^2)$$

式中：η 为阻水系数，$\overline{V}_M$ 为桥下平均流速，$\overline{V}_0$ 为断面平均流速。

该公式形式简单，参数容易选取，适用于各类河流。缺点是阻力系数的取值标准和桥下平均流速计算方法过于粗略，参数取值的随意性和不确定性大，会造成壅水计算结果的不稳定。尤其是该公式系数确定依据资料和精度检验方法都未查到，需要进一步研究。

（6）陆浩公式

$$\Delta Z = K_N K_V \frac{V_q{}^2 - V_{0q}{}^2}{2g}$$

式中：$K_N = \dfrac{2}{\sqrt{\dfrac{V_q}{V_{0q}} - 1}}$；$K_V = \dfrac{2}{\dfrac{V_q}{\sqrt{g}} - 0.1}$；$V_q$ 为建桥后设计水位时断面的实际流速；V_{0q} 为天然状态时设计水位情况下桥下断面范围内的平均流速。

该公式是针对国外公式的不足，在开展桥梁壅水计算研究的基础上，根据我国已建桥梁资料建立起来的，适用于各类跨河桥梁。优点是考虑了建桥前后过水面积变化及河床冲刷平衡对壅水的影响，并且通过了模型试验和天然壅水资料的验证；对平均流速小的宽浅河道及平均流速较大的峡谷式河道均有较好的适应性。不足之处是对桥墩形状因素考虑不够，冲刷系数的选择有一定的任意性，尤其是当河床质组成复杂时，中值粒径的确定难度较大，带有明显的经验性和任意性。

（7）罗坚布尔格公式

$$\Delta Z = \frac{K}{2g}(V_M{}^2 - V_{0M}{}^2)$$

式中：K 为壅水系数；V_M 为建桥后桥址断面平均流速；V_{0M} 为建桥前桥址断面平均流速。

该公式结构简单、参数较少，但是没有考虑桥墩形状、河床粒径等影响因素。

（8）新正交桥壅水公式

$$\Delta Z = \frac{1.82}{\sqrt{R-1}}(KV_M{}^2 - V_{0M}{}^2)\frac{1}{2g}$$

式中：R 为桥孔压缩系数；K 为流速折减系数；V_M 为建桥后桥下平均流速；V_{0M} 为建桥前桥下平均流速。

该公式是在总结现有桥梁公式的基础上，通过模型试验资料和天然桥梁壅水资料验证后提出的最新公式，根据相关研究资料，该公式与实测资料符合程度较好。

6.2 桥墩冲刷计算方法

6.2.1 桥墩冲刷影响因素

桥墩冲刷是河流中桥墩失稳和桥梁水毁的主要原因。影响桥墩冲刷的主要因素有:水流结构、水流流速、墩型、河床床沙等。

(1)水流结构

由于桥墩的阻水作用,水流在桥墩前会形成螺旋流,并向下游传播发展,同时,在桥墩下游形成回流区,该回流区会形成漩涡,产生有旋流动,将泥沙卷往下游,引起床面冲刷。桥墩阻水后的侧向绕流会逐渐形成马蹄形螺旋流,对桥墩两侧地形产生冲刷,逐渐带动桥墩周围床面的泥沙运动,并逐渐向下游发展,从而形成冲刷坑。

(2)水流流速

局部冲刷的深度随着流速增加而增加。当行近流速小于床沙启动流速时,会出现清水冲刷,桥梁墩台周围出现冲刷坑,而无上游来沙补给。当行近流速大于床沙启动流速时,会出现动床冲刷。桥墩周围泥沙整体发生运动,冲刷坑内可以得到来沙补给。这时,冲刷深度与流速成反比,当流速达到一定值后,局部冲刷深度不再增加。当行近流速小于床沙起冲流速时,床面泥沙静止不动,桥梁墩台周围不发生局部冲刷。

(3)桥墩墩型

通常在水流冲击角存在的前提下,桥墩越长、桥墩越宽,在墩头处产生的局部冲刷就会越大。为了减小桥墩的阻水作用,一般选择圆形或者半圆形墩头和墩尾的桥墩,壅水计算中常用墩型系数来反映桥墩形状的影响。

(4)桥墩阻水比

桥墩占用河道过水断面面积越大,对水流的压缩越大,从而增大桥墩间水流流速,增强桥墩附近的涡流,形成较大的冲刷强度。

(5)河床床沙

当河床组成抗冲能力弱,则桥墩局部冲刷坑大,河床组成抗冲能力强,则桥墩局部冲刷坑就会较小。

6.2.2 桥墩局部冲刷计算方法

6.2.2.1 非黏性土桥墩局部冲刷

(1)经验公式

① Jain s. c. 公式

$$\frac{h_b}{b} = 1.86 \left(\frac{h}{b}\right)^{0.5} (F_r - F_{rc})^{0.25}$$

式中:h_b 为桥墩局部冲刷深度(m);b 为墩宽(m);h 为行近水深(m);$F_r = V/\sqrt{gh}$;$F_{rc} = V_0/\sqrt{gh}$;V、V_0 分别为墩前行近流速及床沙启动流速(m/s)。

该公式在试验资料基础上得出,结构简单,但是没有考虑墩型系数和河床的组成。

② 沈学汶通过试验研究得到冲刷公式

$$\frac{h_b}{b} = 11.0 Fr_p{}^2$$

$$h_b = 0.000\,059 Re_c{}^{0.512}$$

式中:b 为墩宽(m);Fr_p 为墩宽弗劳德数,$Fr_p = \sqrt{\dfrac{h}{b}} Fr = \dfrac{v}{\sqrt{gb}}$,$Fr$ 为弗劳德数,v 为墩前流速;Re_c 为墩雷诺数,$Re_c = \dfrac{vb}{L}$,L 为墩长(m)。

该公式结构简单,但是同样没有考虑河床的组成。

③ 张佰战等用量纲平衡方法推算出冲刷公式

$$h_b = 4.37 k_2 d \left\{ k_{1\phi} \left[\frac{(v - v_0')}{\sqrt{\alpha g d}} \left(\frac{\Phi}{d} \right)^{0.45} \left(\frac{h}{d} \right)^{0.1} \right]^{1.08} + k_{1B} \left[\frac{(v - v_0')}{\sqrt{\alpha g d}} \left(\frac{B}{d} \right)^{0.45} \left(\frac{h}{d} \right)^{0.1} \right]^{1.08} \right\}$$

式中:$\alpha = \dfrac{\rho_s - \rho}{\rho}$;$v_0'$ 为泥沙起冲流速(m/s);Φ 为桩直径(m);B 为桥墩宽度(m);k_2,$k_{1\phi}$,k_{1B} 为系数;ρ_s 为沙的密度(kg/m³);ρ 为水的密度(kg/m³)。

该公式虽然考虑了墩型系数、河床组成等多种因素,但是公式形式复杂,计算需要的参数较多,不易推广。

(2) 半经验半理论公式

① 《公路工程水文勘察设计规范》推荐的公式

1964 年,桥渡冲刷学术会议假定清水冲刷深度与行近流速呈线性关系;动床冲刷深度与行近流速关系呈下凹曲线。1965 年制定了局部冲刷公式 65-1、65-2。之后众多学者均对两式进行了研究并给出了修正公式。2002 年在《公路工程水文勘察设计规范》中,桩墩局部冲刷建议采用 65-2 公式和 65-1 修正公式计算。65-2 公式如下。

当 $v \leqslant v_0$ 时:

$$h_b = K_\xi K_{\eta 2} b^{0.6} h_p{}^{0.15} \frac{v - v_0'}{v_0}$$

当 $v > v_0$ 时:

$$h_b = K_\xi K_{\eta 2} b^{0.6} h_p{}^{0.15} \left(\frac{v - v_0'}{v_0} \right)^{n_2}$$

式中：K_ξ 为墩形系数；$K_{\eta2}$ 为河床颗粒影响系数，$K_{\eta2} = \dfrac{0.0023}{d^{2.2}} + 0.375 d^{0.24}$；$h_p$ 为一般冲刷后的最大水深。

该公式得到大量的试验和实测数据验证，结果较为准确，在我国有较为广泛的应用。

② 美国水力工程通报（HEC-18）推荐公式

$$\frac{h_b}{b} = 2.0 k_\xi k'_2 k_3 k_4 \left(\frac{h}{b}\right)^{0.35} F_r^{0.43}$$

式中：k'_2 为水流冲击角系数；k_3 为河床状况系数；k_4 为床沙粒径系数；h_b 为局部冲刷深度；b 为墩宽；k_ξ 为墩形系数。

③ 苏联行业标准《铁路公路桥梁勘测设计规程》推荐公式

当有底沙补给时，$h_b = \left(h_0 + 0.014 \dfrac{v - v_0}{\omega} b\right) K_\xi K_2$

当无底沙补给时，$h_b = h_0 \left(\dfrac{v - v'_0}{v_0 - v'_0}\right)^{3/4} K_\xi K_2$

式中：h_0 为圆柱桥墩的极限冲刷深度，$h_0 = 6.2\beta h / \left(\dfrac{v_0}{\omega}\right)^\beta$；$\beta = 0.18 \left(\dfrac{b}{h}\right)^{0.36}$；$v_0 = 3.6 (hd_{cp})^{1/4}$；$v'_0 = v_0 \left(\dfrac{d_{cp}}{b}\right)^y$；$\omega$ 为泥沙沉速；d_{cp} 为床沙平均粒径；K_ξ 为墩形系数；K_2 为水流冲击角系数。

④ C. J. Baker 冲刷公式

C. J. Baker 认为，墩围局部冲刷是由马蹄形漩涡系产生的很高河床剪切力而形成的。冲刷坑深度与漩涡强度大小、形状、坑内泥沙上作用力有关。从平坦河床上单个马蹄形漩涡系出发，分析单个泥沙颗粒上力的平衡，得清水冲刷的冲刷深度计算公式：

$$\frac{h_b}{b} = (a_1 N - a_2)\tanh\left(a_3 \frac{h}{b}\right)$$

式中：a_1，a_2，a_3 为与泥沙粒径和形状有关的系数；$N = u / \sqrt{(\gamma_s - \gamma)/\gamma g D}$；$u$ 为表面流速；γ_s 为泥沙容重；γ 为水容重。

国外的公式考虑的因素少，不够全面，美国的计算公式没有分清水冲刷和动床冲刷，有一定局限性。桥墩冲刷的研究表明，分清水冲刷和动床冲刷，并考虑墩形、泥沙特性的公式更加合理。我国公式的计算结果是偏安全的，在美国和苏联的计算值之间。而且经过多年实际应用的验证，在计算国内桥墩的局部冲刷时我国公式比较合适。

6.2.2.2 黏性土桥墩局部冲刷

与非黏性土相比，黏性土颗粒的黏结力处于主导作用。黏结力属于分子力，来源于黏胶体，而胶体带电荷，颗粒表面形成双电层。黏性土之间的黏结力越大，抗冲能力越强。黏性土颗粒还有絮凝现象，研究清楚其机理更加困难。

（1）《公路工程水文勘察设计规范》推荐的公式

$$h_b/b \geqslant 2.5 \text{ 时}, h_b = 0.83K_\xi b^{0.6} I_L^{1.25} V$$

$$h_b/b < 2.5 \text{ 时}, h_b = 0.55K_\xi b^{0.6} h_p I_L^{1.25} V$$

式中：V 为一般冲刷后的垂线平均流速；h_p 为一般冲刷深度；I_L 为黏性土液性指标。

（2）苏联《铁路公路桥梁勘测设计规程》推荐公式

$$h_b = 6.2\beta h \left(\frac{\omega}{v_1}\right)^\beta \left(\frac{2v}{v_1} - 1\right)^{3/4} K_\xi K_2$$

式中：v_1 为黏性土冲刷速度；$\beta = 0.18\left(\frac{b}{h}\right)^{0.86}$；$\omega, K_\xi, K_2$ 可由相应图表查得。

黏性土的局部冲刷研究成果较少。《公路工程水文勘察设计规范》推荐公式采用黏土、黏沙土、沙黏土情况下的桥墩冲刷实测资料进行了验证，目前在国内普遍采用。

6.3 桥墩阻水数值模拟方法

在河流工程的数值模拟中，对于桥墩的概化还没有比较完善的方法。由于数模计算时主要通过网格节点上的参数参与运算，因此桥墩的阻水作用应通过改变所在网格节点上的参数值来实现。目前常用的桥墩概化方法主要有：局部地形修正法、局部加糙法、等效面积法。

6.3.1 局部地形修正法

假定河底高程增加值所阻挡的流量与桥墩阻挡的流量相同，通过增加桥墩所在网格节点的河底高程来反映桥墩对河道过水面积的影响。

假定垂线流速沿水深呈指数分布，则垂线上某点流速 u 可表示为：

$$u = u_0 (y/h)^m$$

式中：y 为该点离床面距离；u_0 为 $y = h$ 处水面流速；h 为水深；m 为指数。

设 Δh 为桥墩阻水增加的河底高程, b_1、b_2 分别为沿河宽方向桥墩宽度和网格宽度,桥墩阻挡的流量需和河底高程增加阻挡的流量相同,则得到河底高程增加值:

$$\Delta h = h / (b_1/b_2)^{1/(1+m)}$$

6.3.2 局部加糙法

桥墩的阻水效果可通过增加桥墩区局部糙率来实现。桥墩局部阻力系数 ξ 通过下式进行计算:

$$\xi = 0.5(1 - A_1/A_0)$$

式中: A_0、A_1 分别表示工程前、后过水断面面积。

在实际计算中,通常将局部阻力系数转化为糙率: $n_{桥墩} = h^{1/6}\sqrt{\dfrac{\xi}{8g}}$ 。

则工程后桥墩所在区域网格节点的局部综合糙率: $n = \sqrt{n_{桥墩}^2 + n_{河床}^2}$ 。

6.3.3 等效阻力法

桥墩对水流的影响根本原因在于增加了阻力,数值模拟概化桥墩后要保持阻力相似。等效阻力概化,具体方法是减少桥墩数量,增加单个桥墩阻水面积,以达到阻力相似的目的。

桩群阻力计算可用邓绍云公式

$$\sum_{i=j=1}^{m \times n} F_D = \frac{1}{2} m k_H [1 + (n-1)k_z] C_D \rho V^2 A$$

式中: F_D 为桩群阻力; m、n 分别为列数(垂直水流方向排列的桩数)和排数(顺水流方向排列的桩数); k_H、k_z 分别为两桩间横向和纵向影响系数; ρ 为水体密度; C_D 为单桩绕流系数; V 为流速; A 为单桩阻水面积。

多数情况下,桥墩顺水流方向为单排,即 $n=1$,则桥墩阻力公式如下:

$$\sum_{i=1}^{m} F_D = \frac{1}{2} m k_H C_D \rho V^2 A$$

根据邓绍云的试验研究, k_H 与两墩之间横向间距和墩径的比值有关,要保证概化后的 k_H 不变,概化时需要保证两墩之间横向间距和墩径的比值不变; $m \times A$ 为全部桥墩有效阻水面积,概化后保证有效阻水面积不变。 C_D 与雷诺数 Re 有关,可通过 C_D 与 Re 的关系曲线查得。

通过曲线关系分析,当 Re 没有量级上的变化时, C_D 变化甚小,因此概化前后墩径不能有量级上的变化。为保证概化前后阻力相似,需保持桥墩的有效阻水面积不变,桥墩的排列方式要相似,两墩之间横向间距和墩径的比值保持不变,概化前后墩径尽量不能有量级上的变化。

6.3.4　直接模拟法

直接模拟法可以将网格细化到基本可以模拟桥墩形状,再将桥墩区域的网格删去,即可模拟河道桥墩。这种模拟方法的桥墩区域网格尺度较小,可能会影响计算速度,但是该方法直观简便,能够客观反映桥墩的布置特征。

6.4　桥墩阻水物理模型模拟方法

河流工程物理模型需要根据研究内容、试验场地,设计模型平面比尺及垂直比尺,使模型与原型达到水流运动相似,满足重力相似、阻力相似。因为模型水流为处于阻力平方区的紊流,水流雷诺数应大于1 000。研究的桥梁桥墩依照模型设计的平面比尺、垂直比尺制作。河道的水流条件、糙率需满足模型的流量比尺、糙率比尺。

7

桥梁阻水物理模型
设计与制作

桥梁阻水试验以独流减河为对象,开展独流减河及其河流上的桥梁的阻水影响研究,特别是桥梁的联合阻水效应研究,为研究海河流域其他骨干河道的桥梁阻水影响提供参考,并为数学模型模拟河道桥梁阻力及累积阻力提供基础资料。

7.1　模型设计

试验主要研究洪水情况下独流减河挡潮闸闸上河道的桥梁阻水效应,模型采用恒定流控制。

依据《内河航道与港口水流泥沙模拟技术规程》(JTJ 232—98),为使模型与原型达到水流运动相似,须满足以下相似准则,即:

$$\text{重力相似}\quad \lambda_V = \lambda_H^{\frac{1}{2}} \tag{7-1}$$

$$\text{阻力相似}\quad \lambda_V = \frac{\lambda_H^{7/6}}{\lambda_n \lambda_L^{1/2}} \tag{7-2}$$

模型水流为处于阻力平方区的紊流,水流雷诺数应大于 1 000,垂直比尺满足下式:

$$\lambda_H \leqslant 4.22 \left(\frac{V_p H_p}{\nu_m}\right)^{\frac{2}{11}} \lambda_p^{\frac{8}{11}} \lambda_L^{\frac{8}{11}} \tag{7-3}$$

模型水流应避免表面张力影响,试验段的最小水深大于 3 cm。

根据所研究问题的性质,模型采用的几何比尺如下:

平面比尺　　　　$\lambda_L = 300$

垂直比尺　　　　$\lambda_H = 100$

由(7-1)、(7-2)可得到下列各项比尺:

流速比尺　　　　$\lambda_V = 10$

糙率比尺　　　　$\lambda_n = 1.24$

流量比尺　　　　$\lambda_Q = 300\ 000$

根据已有的研究资料《独流减河口泥沙数学模型研究及应用》可知,独流减河挡潮闸上河槽设计糙率为 0.03,滩地设计糙率为 0.035。

独流减河河工模型河槽采用卵石加糙方法,根据唐存本提出的加糙计算公式,采用直径为 1.5 cm 的卵石以 15 cm 的间距进行梅花形加糙即可满足模型糙率要求。

模型滩地采用塑料草加糙,塑料草高 2.5 cm 左右,有 9 瓣叶片,每瓣叶片

4 cm。根据《水生植物的水动力学效应及护坡关键技术研究报告》中的试验结果及其塑料草糙率计算公式,以边长 8 cm 的正方形加糙即可满足滩地糙率要求。

7.2　模型范围

　　模型模拟的范围为独流减河挡潮闸之上 6 km 范围内的河道,具体范围见图 7-1 中所示区域。此段河道较为顺直,分为左右两个深槽,中间为河道滩地,相应的模型布置见图 7-2。

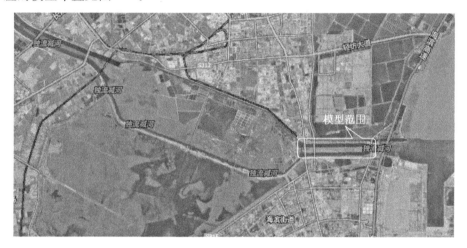

图 7-1　独流减河河工模型范围示意图

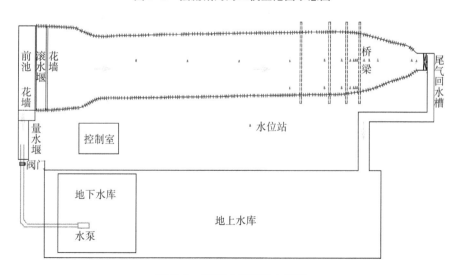

图 7-2　独流减河模型布置图

7.3 模型制作

控制模型平面误差不超过±1 cm,垂直误差不超过±1 mm。为使水流均匀进入模型,在前池中砌一道高出模型水面的直立墙,使水流通过该墙时保持相同的水头,这样可使进入模型的水流横向分布是均匀的;另外为消除进入模型水流的多余能量,避免其表面波动,影响试验精度,在直立墙下游砌一道花墙,使水流平稳进入模型。

经过现场查勘及海委科技咨询中心提供的桥梁资料,跨独流减河桥梁桥墩均为圆形桥墩,而且跨河桥梁基本上以垂直河道布置为主。因此,本次试验选用圆形桥墩、垂直河道布置的桥梁为代表性桥梁进行模型试验。

根据桥梁资料,选用符合以上条件的,且结构资料较全、在研究河段的桥梁为代表性桥梁,因此,本次试验选用已有的东风大桥为桥梁原型。东风大桥为两幅标准双向四车道,设计桥梁宽29.5 m。桥墩跨径20 m,单幅桥面设两根直径为1.3 m的圆形桥墩,双幅(一排)为4根。模型桥梁用木板及PVC制作,模型桥梁按比尺将原型缩小,桥梁垂直顺水流方向布置。

7.4 模型控制与量测装置

模型进口流量控制采用矩形量水堰,模型出口水位控制采用手动调节翻板尾门。水位测量采用重庆水文仪器厂生产的水位测针以及南京水科院生产的探测式水位仪(图7-3)。探测式水位仪机械结构简单,工作可靠,测量灵敏准确,具有无线数据传输功能。探测式水位仪测量水位时不受水的表面张力影响,采用单探针测量水位可以克服模型流速大时抬高水位产生的测量误差,分辨率为0.01 mm。流速的测量、采集工况控制采用南京水科院研发的无线光电式旋桨流速仪(图7-4)及测控系统(图7-5)。

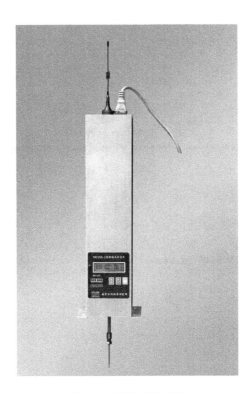

图 7-3　探测式水位仪

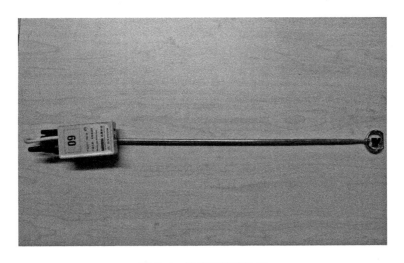

图 7-4　无线旋桨流速仪

图 7-5　测控系统

8

桥梁阻水物理模型试验

8.1 水流条件

模型试验主要考虑洪水情况下桥梁的阻水效应,因此选择对河道行洪不利的 50 年一遇洪水、100 年一遇洪水作为模型试验的水流条件。试验中上游采用不同条件下的洪峰流量作为来水条件,下游以挡潮闸控制水位为下边界条件,模型的试验水流条件见表 8-1。

表 8-1　试验水流条件

水流条件	流量(m³/s)	挡潮闸控制水位(m)
50 年一遇洪水	3 520	5.94
100 年一遇洪水	3 713	6.01

8.2 试验方案

经过现场调研及卫星图测距,独流减河闸上 6 km 范围内跨河桥梁间距较小的在 500 m 以内,间距较大的在 2 km 左右。

模型试验的方案主要考虑桥梁的阻水效应,以及桥梁的联合阻水影响。因此,将试验方案分为天然河道、单座桥、两座桥三大类,根据实际桥梁间距的情况,将两座桥梁方案又分为间距 200 m、500 m、1 000 m 三种工况,见表 8-2。

单座桥的位置设在独流减河挡潮闸上游 1 000 m 处。

两座桥梁的方案在单座桥的基础上进行,第一座桥梁即在单座桥梁方案的位置,第二座桥梁分别设置在第一座桥梁上游 200 m、500 m、1 000 m 位置处。

表 8-2　模型试验方案

试验方案	说　明
无桥梁工况	河道不设桥梁
单座桥工况	河道设单座桥梁
两座桥工况(间距 200 m)	第一座桥位置与单座桥方案相同,第二座桥在其上游 200 m
两座桥工况(间距 500 m)	第一座桥位置与单座桥方案相同,第二座桥在其上游 500 m
两座桥工况(间距 1 000 m)	第一座桥位置与单座桥方案相同,第二座桥在其上游 1 000 m

8.3　测量内容

　　模型试验主要研究桥梁的阻水效应,以及桥梁的联合阻水效应。试验的内容主要为桥建成后桥位上下游水位的变化以及桥梁附近水域的流速变化。模型在单座桥梁上游3.9 km,下游900m范围内共设置水位站21个,用以测量桥梁建成后河道水面线变化,另外在挡潮闸位置处设置一个水位控制站,详见表8-3。

表 8-3　单座桥梁水位测站

项目	水位站
桥梁上游	桥上 3 900 m
	桥上 3 000 m
	桥上 2 100 m
	桥上 1 200 m(右岸)
	桥上 1 200 m
	桥上 600 m(右岸)
	桥上 600 m
	桥上 300 m(右岸)
	桥上 300 m
	桥上 150 m(右岸)
	桥上 150 m
	桥上 90 m(右岸)
	桥上 90 m
	桥上 60 m(右岸)
	桥上 60 m
	桥上 30 m(右岸)
	桥上 30 m
桥梁下游	桥下 60 m
	桥下 150 m
	桥下 300 m
	桥下 900 m
	挡潮闸

在两座桥梁的工况下,为研究两桥的联合阻水效应,在第二座桥梁附近增设水位测站,分别如下。

两桥间距 200 m:第二座桥前 30 m、桥前 150 m。

两桥间距 500 m:第二座桥前 30 m、桥前 150 m、桥下 60 m。

两桥间距 1 000 m:第二座桥前 30 m、桥前 90 m、桥下 60 m、桥下 150 m。

水位站布置详见图 8-1。

为研究桥梁建成后对河道水流流速的影响,在上游 3 900 m、下游 300 m 范围内布设流速测量断面 8 个,为研究桥墩之间和墩前流速变化情况,在桥梁墩前 30 m、桥梁上游 30 m 两墩之间各设置 1 个测流点。流速测点布置如图 8-1 所示。

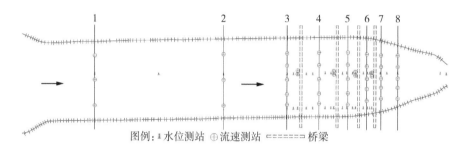

图例:水位测站 ⊕ 流速测站 ======= 桥梁

图 8-1　水位站、流速测点布置图

8.4　试验内容

8.4.1　无桥梁工况

8.4.1.1　水位

研究河段范围在挡潮闸至其上游 6 km 范围内,从平面形态来看(图 8-1),河道在挡潮闸上游约 1 km 的范围内有所收缩,其余河段河道宽度较为均匀。从河道的断面形态来看,本段河道挡潮闸上游 1~6 km 范围内的河道形态基本没有变化,其滩地位于河道中心,深槽位于两侧,收缩段的河道断面形态基本上呈 U 形。

因此,研究河段在进口至挡潮闸上游 1 km 范围内河道水位变化较缓,河道的水面比降较小,在 50 年一遇的水流条件下,河道水位 6.10~6.13 m,河道水面比降 0.08‰。在 100 年一遇的水流条件下,河道水位 6.18~6.22 m,河道

水面比降 $0.1^0/_{000}$。而河道收缩段的水位变化较大,水面比降较大,在 50 年一遇的水流条件下,水位 $5.94\sim6.1$ m,河道水面比降 $1.73^0/_{000}$。在 100 年一遇的水流条件下,水位 $6.01\sim6.18$ m,河道水面比降 $1.83^0/_{000}$。

8.4.1.2　流速

由于河道顺直等宽段的河道断面形态相近,因此沿程的流速分布也基本相近,总体上来看位于河道中心的滩地上水流流速较小,位于两侧深槽内的水流流速较大,位于滩槽交界附近的水流流速大小基本介于两者之间。而河道的收缩段河道中心水流流速明显增大。

在 50 年一遇洪水的水流条件下,顺直等宽段河道的滩地中心水流流速 $0.44\sim0.56$ m/s,两侧深槽水流流速 $0.61\sim0.79$ m/s,滩槽交界位置水流流速 $0.51\sim0.62$ m/s。收缩段河道中心的水流流速达到 0.65 m/s。

在 100 年一遇洪水的水流条件下,顺直等宽段河道的滩地中心水流流速 $0.49\sim0.58$ m/s,两侧深槽水流流速 $0.62\sim0.81$ m/s,滩槽交界位置水流流速 $0.53\sim0.65$ m/s。缩窄段河道中心的水流流速达到 0.68 m/s。在 100 年一遇水流条件下,河道水流流态照片见图 8-2。

图 8-2　水流流态照片

8.4.2　单座桥工况

8.4.2.1　桥梁阻水

（1）50 年一遇洪水

在挡潮闸上游 1 km 处设置一座桥梁后,测量河道沿程水位,研究河道桥梁的阻水影响。

在 50 年一遇洪水条件下,单座桥梁建成后,研究河段桥梁上游 30～300 m 水位壅高 0.01 m,桥梁上游 600～1 200 m 水位壅高 0.005 m,桥梁上游其他水位站水位没有变化。桥梁下游 60 m 水位跌落 0.01 m,桥梁下游 150 m 水位跌落 0.01 m,下游其他水位站水位基本没有变化,沿程水位变化见表 8-4。河道右岸的水位变化情况也基本相同,详见表 8-5。建桥前后,河道水面线见图 8-3。

表 8-4　沿程水位

水位站	沿程水位(m)		
	无桥梁	单座桥	差值
桥上 3 900 m	6.130	6.130	0.000
桥上 3 000 m	6.120	6.120	0.000
桥上 2 100 m	6.110	6.110	0.000
桥上 1 200 m	6.105	6.110	0.005
桥上 600 m	6.105	6.110	0.005
桥上 300 m	6.100	6.110	0.010
桥上 150 m	6.100	6.110	0.010
桥上 90 m	6.100	6.110	0.010
桥上 60 m	6.100	6.110	0.010
桥上 30 m	6.100	6.110	0.010
桥下 60 m	6.100	6.090	−0.010
桥下 150 m	6.090	6.080	−0.010
桥下 300 m	6.090	6.090	0.000
桥下 900 m	6.020	6.020	0.000
挡潮闸	5.940	5.940	0.000

表 8-5 河道右岸水位

水位站	河道右岸水位(m)		
	无桥梁	单座桥	差值
桥上 1 200 m	6.105	6.110	0.005
桥上 600 m	6.105	6.110	0.005
桥上 300 m	6.100	6.110	0.010
桥上 150 m	6.100	6.110	0.010
桥上 90 m	6.100	6.110	0.010
桥上 60 m	6.100	6.110	0.010
桥上 30 m	6.100	6.110	0.010

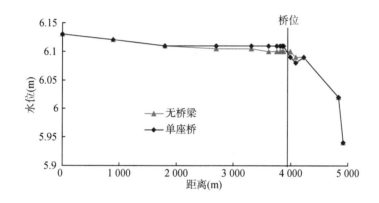

图 8-3 河道水面线变化图(50 年一遇洪水)

(2) 100 年一遇洪水

在 100 年一遇洪水条件下,桥梁建成前后,河道沿程水位变化见表 8-6。

单座桥梁建成后,独流减河河道在桥梁上游 30 m 处水位壅高最大 (0.02 m),随着距离加大,河道的水位壅高值逐渐降低,研究河段单座桥梁上游 60~600 m 水位壅高 0.01 m,桥梁上游 1 200 m 水位壅高 0.005 m,桥梁上游其他水位站水位没有变化。

单座桥梁建成后,河道中桥梁下游局部水域存在跌水现象,由表 8-6 可见,单座桥梁下游 60 m 水位降低 0.02 m,桥梁下游 150 m 水位降低 0.01 m。研究河段桥梁下游 300 m、600 m 水位没有变化。河道右岸水位变化与河道中心水位变化基本相同,详见表 8-7。

总体上来看,在100年一遇洪水条件下,沿程水位变化规律同50年一遇的情况相似,河道水面线变化见图8-4。

表8-6 沿程水位

水位站	沿程水位(m)		
	无桥梁	单座桥	差值
桥上3 900 m	6.220	6.220	0.000
桥上3 000 m	6.200	6.200	0.000
桥上2 100 m	6.200	6.200	0.000
桥上1 200 m	6.195	6.200	0.005
桥上600 m	6.180	6.190	0.010
桥上300 m	6.180	6.190	0.010
桥上150 m	6.180	6.190	0.010
桥上90 m	6.180	6.190	0.010
桥上60 m	6.180	6.190	0.010
桥上30 m	6.180	6.200	0.020
桥下60 m	6.180	6.160	−0.020
桥下150 m	6.170	6.160	−0.010
桥下300 m	6.170	6.170	0.000
桥下900 m	6.100	6.100	0.000
挡潮闸	6.010	6.010	0.000

表8-7 河道右岸水位

水位站	河道右岸水位(m)		
	无桥梁	单座桥	差值
桥上1 200 m	6.195	6.200	0.005
桥上600 m	6.180	6.190	0.010
桥上300 m	6.180	6.190	0.010
桥上150 m	6.180	6.190	0.010
桥上90 m	6.180	6.190	0.010
桥上60 m	6.180	6.190	0.010
桥上30 m	6.180	6.200	0.020

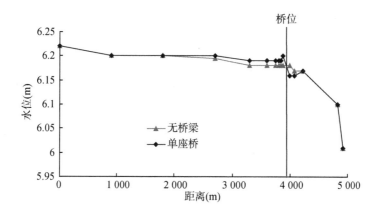

图 8-4   河道沿程水位变化图(100 年一遇洪水)

8.4.2.2   流速变化

(1)50 年一遇洪水

单座桥梁建桥前后,河道水流流速变化见表 8-8。由试验结果可知,桥梁对河道水流流速的影响主要在桥梁工程附近水域。

由于受到桥墩的阻水影响,桥梁上游局部水域内水流流速略有减小,位于桥梁上游 100 m 的 6# 测量断面流速减小 0.02～0.05 m/s,位于桥梁上游 30 m 的墩前流速减小 0.07 m/s,桥墩之间流速增大 0.07 m/s。桥梁上游的 1#—5# 测流断面工程前后流速变化较小。桥梁下游 60 m 的 7# 断面测点流速受桥墩阻挡影响的减小量在 0.03 m/s 以内,在桥墩之间的测点流速增大 0.02～0.04 m/s。桥梁下游 300 m 处的测点流速也基本没有变化。与无桥梁时河道流速相比较,单座桥梁建成后流速变化见表 8-8。

表 8-8   测点流速统计

断面号	测点	流速(m/s)		
		无桥梁	单座桥	差值
1#	1	0.70	0.70	0.00
	2	0.56	0.55	−0.01
	3	0.61	0.61	0.00
2#	1	0.65	0.66	0.01
	2	0.46	0.45	−0.01
	3	0.67	0.67	0.00

续表

断面号	测点	流速(m/s)		
		无桥梁	单座桥	差值
3#	1	0.72	0.72	0.00
	2	0.62	0.62	0.00
	3	0.50	0.49	−0.01
	4	0.56	0.56	0.00
	5	0.67	0.67	0.00
4#	1	0.72	0.72	0.00
	2	0.56	0.56	0.00
	3	0.44	0.44	0.00
	4	0.52	0.51	−0.01
	5	0.65	0.65	0.00
5#	1	0.65	0.65	0.00
	2	0.58	0.57	−0.01
	3	0.52	0.52	0.00
	4	0.62	0.60	−0.02
	5	0.66	0.65	−0.01
6#	1	0.73	0.68	−0.05
	2	0.60	0.57	−0.03
	3	0.53	0.51	−0.02
	4	0.56	0.52	−0.04
	5	0.73	0.69	−0.04
7#	1	0.70	0.74	0.04
	2	0.58	0.61	0.03
	3	0.49	0.48	−0.01
	4	0.59	0.61	0.02
	5	0.69	0.67	−0.02

续表

断面号	测点	流速（m/s）		
		无桥梁	单座桥	差值
8#	1	0.79	0.79	0.00
	2	0.71	0.71	0.00
	3	0.66	0.65	−0.01
	4	0.72	0.72	0.00
	5	0.68	0.68	0.00
桥前 30 m	墩间	0.56	0.63	0.07
	墩前	0.49	0.42	−0.07

（2）100 年一遇洪水

在 100 年一遇洪水条件下，与无桥梁相比，桥梁建成后，其流速的变化规律与 50 年一遇洪水条件相近。桥梁引起的水流流速变化主要在河道桥梁附近水域。

由表 8-9 可见，桥梁建成后，受桥墩顶托作用，桥梁上游局部水域的水流流速有所减小。桥梁上游 100 m 的 6# 断面测点流速减小 0.04～0.07 m/s。设置于桥梁上游 30 m 的墩前测点流速减小 0.09 m/s，两墩之间测点流速增大 0.10 m/s。设置于桥梁下游 60 m 的 7# 断面测点流速有增有减，受桥墩阻挡影响的减小量在 0.05 m/s 以内，在桥墩之间的测点流速最大增加 0.05 m/s。桥梁上游的 1#—5# 测流断面及桥梁下游的 8# 测流断面流速基本没有变化。河道水流流态在 100 年一遇洪水情况下见图 8-5。

表 8-9 测点流速统计

断面号	测点	流速（m/s）		
		无桥梁	单座桥	差值
1#	1	0.73	0.74	0.01
	2	0.60	0.60	0.00
	3	0.62	0.62	0.00
2#	1	0.71	0.71	0.00
	2	0.49	0.49	0.00
	3	0.71	0.71	0.00

断面号	测点	流速(m/s)		
		无桥梁	单座桥	差值
3#	1	0.77	0.77	0.00
	2	0.61	0.61	0.00
	3	0.52	0.52	0.00
	4	0.59	0.58	−0.01
	5	0.74	0.74	0.00
4#	1	0.72	0.72	0.00
	2	0.58	0.57	−0.01
	3	0.49	0.49	0.00
	4	0.55	0.54	−0.01
	5	0.66	0.66	0.00
5#	1	0.68	0.66	−0.02
	2	0.55	0.53	−0.02
	3	0.51	0.52	0.01
	4	0.60	0.61	0.01
	5	0.67	0.65	−0.02
6#	1	0.70	0.63	−0.07
	2	0.61	0.56	−0.05
	3	0.58	0.53	−0.05
	4	0.60	0.56	−0.04
	5	0.73	0.66	−0.07
7#	1	0.72	0.74	0.02
	2	0.55	0.60	0.05
	3	0.52	0.50	−0.02
	4	0.55	0.56	0.01
	5	0.70	0.65	−0.05

续表

断面号	测点	流速(m/s)		
		无桥梁	单座桥	差值
8#	1	0.82	0.83	0.01
	2	0.72	0.72	0.00
	3	0.68	0.69	0.00
	4	0.72	0.74	0.02
	5	0.70	0.69	−0.01
桥前 30 m	墩间	0.53	0.63	0.10
	墩前	0.50	0.41	−0.09

图 8-5　河道水流流态照片

8.4.3　两座桥工况(间距 200 m)

在研究河段内已经设置第一座桥(即单座桥工况)的情况下,在其上游200 m 的位置设置第二座桥,研究两座桥工况下桥梁的阻水效应。

8.4.3.1　桥梁阻水

(1) 50 年一遇洪水

第二座桥梁建成后,河道沿程水位见表 8-10,表中的水位站位置分别相对于第一座桥、第二座桥的距离进行标明。

在 50 年一遇洪水的情况下,与单座桥工况相比,第二座桥建成后,其上游水位最大壅高 0.01 m,由表 8-10 可见,第二座桥上游 30～370 m 水位壅高 0.01 m,上游 970 m 处河道水位壅高 0.005 m,上游 1 870 m 水位没有变化。第二座桥下游水位最大跌落 0.01 m,下游 50～140 m 处水位跌落 0.01 m。

与无桥梁工况相比,两座桥的工况下,河道水位最大壅高 0.02 m,位于第二座桥上游 30～150 m 处。第二座桥上游 370 m、970 m 水位分别壅高0.015 m、0.01 m。第一座桥上游 30 m 水位壅高 0.01 m。河道的沿程水位最大跌落0.01 m,位于第一座桥下游 60 m、150 m 处。

河道右岸水位变化同河道中央水位变化规律相同,详见表 8-11。河道水面线变化见图 8-6。

表 8-10 沿程水位表

水位站位置		水位(m)					
第一座桥	第二座桥	单座桥	两座桥	差值	无桥梁	两座桥	差值
桥上 3 900 m	桥上 3 670 m	6.130	6.130	0.000	6.130	6.130	0.000
桥上 3 000 m	桥上 2 770 m	6.120	6.120	0.000	6.120	6.120	0.000
桥上 2 100 m	桥上 1 870 m	6.110	6.110	0.000	6.110	6.110	0.000
桥上 1 200 m	桥上 970 m	6.110	6.115	0.005	6.105	6.115	0.010
桥上 600 m	桥上 370 m	6.110	6.120	0.010	6.105	6.120	0.015
桥上 380 m	桥上 150 m	6.110	6.120	0.010	6.100	6.120	0.020
桥上 300 m	桥上 70 m	6.110	6.120	0.010	6.100	6.120	0.020
桥上 260 m	桥上 30 m	6.110	6.120	0.010	6.100	6.120	0.020
桥上 150 m	桥下 50 m	6.110	6.100	−0.010	6.100	6.100	0.000
桥上 90 m	桥下 110 m	6.110	6.100	−0.010	6.100	6.100	0.000
桥上 60 m	桥下 140 m	6.110	6.100	−0.010	6.100	6.100	0.000
桥上 30 m	桥下 170 m	6.110	6.110	0.000	6.100	6.110	0.010
桥下 60 m	桥下 290 m	6.090	6.090	0.000	6.100	6.090	−0.010
桥下 150 m	桥下 380 m	6.080	6.080	0.000	6.090	6.080	−0.010
桥下 300 m	桥下 530 m	6.090	6.090	0.000	6.090	6.090	0.000
桥下 900 m	桥下 1 130 m	6.020	6.020	0.000	6.020	6.020	0.000
挡潮闸	挡潮闸	5.940	5.940	0.000	5.940	5.940	0.000

表 8-11 河道右岸水位

水位站		河道右岸水位(m)					
第一座桥	第二座桥	单座桥	两座桥	差值	无桥梁	两座桥	差值
桥上 1 200 m	桥上 970 m	6.110	6.115	0.005	6.105	6.115	0.010
桥上 600 m	桥上 370 m	6.110	6.120	0.010	6.105	6.120	0.015
桥上 380 m	桥上 150 m	6.110	6.120	0.010	6.100	6.120	0.020
桥上 300 m	桥上 70 m	6.110	6.120	0.010	6.100	6.120	0.020
桥上 260 m	桥上 30 m	6.110	6.120	0.010	6.100	6.120	0.020
桥上 150 m	桥下 50 m	6.110	6.100	−0.010	6.100	6.100	0.000
桥上 90 m	桥下 110 m	6.110	6.100	−0.010	6.100	6.100	0.000
桥上 60 m	桥下 140 m	6.110	6.100	−0.010	6.100	6.100	0.000
桥上 30 m	桥下 170 m	6.110	6.110	0.000	6.100	6.110	0.010

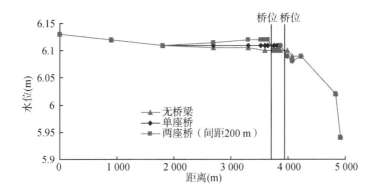

图 8-6 河道水面线变化图(50 年一遇洪水)

(2)100 年一遇洪水

在 100 年一遇洪水条件下,与单座桥工况相比,第二座桥建成后,河道内水位壅高值最大为 0.02 m,在第二座桥梁上游 30 m 处。由表 8-12 可见,第二座桥上游 70～370 m 处水位壅高 0.01 m,其上游 970 m 水位壅高 0.005 m。河道内水位跌落最大 0.02 m,位于第二座桥下游 50 m,第二座桥下游 110 m 水位跌落 0.01 m。

与无桥梁工况相比,间距为 200 m 的两座桥建成后,河道水位壅高最大值为 0.03 m,位于第二座桥上游 30 m。第二座桥上游 70～370 m 水位壅高 0.02 m,其上游 970 m 水位壅高 0.01 m。第一座桥上游 30 m 水位壅高 0.02 m。两桥建成后,河道水位最大跌落 0.02 m,位于第一座桥下游 60 m,第一座桥下游 150 m 水位跌了 0.01 m,第二座桥下游 50 m 水位跌了 0.01 m。

间距为 200 m 的两座桥建成后,河道沿程水位变化见表 8-12,河道水面线见图 8-7。设置在河道右岸的水位站水位变化见表 8-13,可见河道右岸的水位变化同河道中心水位站水位变化规律相同。

表 8-12　沿程水位表

水位站位置		水位(m)					
第一座桥	第二座桥	单座桥	两座桥	差值	无桥梁	两座桥	差值
桥上 3 900 m	桥上 3 670 m	6.220	6.220	0.000	6.220	6.220	0.000
桥上 3 000 m	桥上 2 770 m	6.200	6.200	0.000	6.200	6.200	0.000
桥上 2 100 m	桥上 1 870 m	6.200	6.200	0.000	6.200	6.200	0.000
桥上 1 200 m	桥上 970 m	6.200	6.205	0.005	6.195	6.205	0.010
桥上 600 m	桥上 370 m	6.190	6.200	0.010	6.180	6.200	0.020
桥上 380 m	桥上 150 m	6.190	6.200	0.010	6.180	6.200	0.020
桥上 300 m	桥上 70 m	6.190	6.200	0.010	6.180	6.200	0.020
桥上 260 m	桥上 30 m	6.190	6.210	0.020	6.180	6.210	0.030
桥上 150 m	桥下 50 m	6.190	6.170	−0.020	6.180	6.170	−0.010
桥上 90 m	桥下 110 m	6.190	6.180	−0.010	6.180	6.180	0.000
桥上 60 m	桥下 140 m	6.190	6.180	−0.010	6.180	6.180	0.000
桥上 30 m	桥下 170 m	6.200	6.200	0.000	6.180	6.200	0.020
桥下 60 m	桥下 290 m	6.160	6.160	0.000	6.180	6.160	−0.020
桥下 150 m	桥下 380 m	6.160	6.160	0.000	6.170	6.160	−0.010
桥下 300 m	桥下 530 m	6.170	6.170	0.000	6.170	6.170	0.000
桥下 900 m	桥下 1 130 m	6.100	6.100	0.000	6.100	6.100	0.000
挡潮闸	挡潮闸	6.010	6.010	0.000	6.010	6.010	0.000

表 8-13　河道右岸水位

水位站		河道右岸水位(m)					
第一座桥	第二座桥	单座桥	两座桥	差值	无桥梁	两座桥	差值
桥上 1 200 m	桥上 970 m	6.200	6.205	0.005	6.195	6.205	0.010
桥上 600 m	桥上 370 m	6.190	6.200	0.010	6.180	6.200	0.020

水位站		河道右岸水位(m)					
第一座桥	第二座桥	单座桥	两座桥	差值	无桥梁	两座桥	差值
桥上 380 m	桥上 150 m	6.190	6.200	0.010	6.180	6.200	0.020
桥上 300 m	桥上 70 m	6.190	6.200	0.010	6.180	6.200	0.020
桥上 260 m	桥上 30 m	6.190	6.210	0.020	6.180	6.210	0.030
桥上 150 m	桥下 50 m	6.190	6.170	−0.020	6.180	6.170	−0.010
桥上 90 m	桥下 110 m	6.190	6.180	−0.010	6.180	6.180	0.000
桥上 60m	桥下 140 m	6.190	6.180	−0.010	6.180	6.180	0.000
桥上 30 m	桥下 170 m	6.200	6.200	0.000	6.180	6.200	0.020

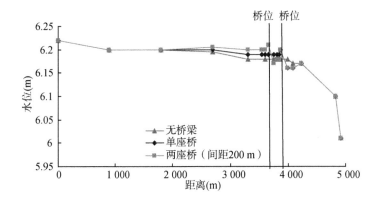

图 8-7 河道水面线变化图(100 年一遇)

8.4.3.2 流速变化

(1) 50 年一遇洪水

与单座桥方案相比,第二座桥建成后,河道流速变化主要在第二座桥上下游局部水域。由河道流速变化表 8-14 可见,位于第二座桥上游 135 m 的 5# 测流断面流速减小 0.03~0.05 m/s。位于第二座桥下游 100 m 的 6# 测流断面流速有增有减,基本上设在桥墩之间的测点流速增大(0.01~0.04 m/s),受桥墩阻挡影响的测点流速减小(0.01~0.04 m/s)。设置在桥前 30 m 两墩之间的测点流速增大 0.07 m/s,墩前流速减小 0.07 m/s。其他断面测点变化较小。

表 8-14　水流流速统计

断面号	测点	流速(m/s)		
		单座桥	两座桥	差值
1#	1	0.70	0.70	0.00
	2	0.55	0.55	0.00
	3	0.61	0.61	0.00
2#	1	0.65	0.66	0.01
	2	0.46	0.45	−0.01
	3	0.67	0.67	0.00
3#	1	0.72	0.72	0.00
	2	0.61	0.62	0.01
	3	0.49	0.49	0.00
	4	0.56	0.56	0.00
	5	0.67	0.67	0.00
4#	1	0.72	0.71	−0.01
	2	0.56	0.56	0.00
	3	0.44	0.44	0.00
	4	0.51	0.52	0.01
	5	0.65	0.63	−0.02
5#	1	0.65	0.61	−0.04
	2	0.57	0.53	−0.04
	3	0.52	0.49	−0.03
	4	0.60	0.56	−0.04
	5	0.65	0.60	−0.05
6#	1	0.68	0.72	0.04
	2	0.57	0.58	0.01
	3	0.51	0.50	−0.01
	4	0.52	0.51	−0.01
	5	0.69	0.65	−0.04

断面号	测点	流速(m/s)		
		无桥梁	单座桥	差值
7#	1	0.74	0.74	0.00
	2	0.61	0.61	0.00
	3	0.48	0.47	−0.01
	4	0.61	0.60	−0.01
	5	0.67	0.67	0.00
8#	1	0.79	0.79	0.00
	2	0.71	0.71	0.00
	3	0.65	0.65	0.00
	4	0.72	0.72	0.00
	5	0.68	0.68	0.00
桥前 30 m	墩间	0.54	0.61	0.07
	墩前	0.48	0.41	−0.07

（2）100 年一遇洪水

在 100 年一遇洪水条件下，第二座桥建成后，与单座桥方案相比，河道水流流速变化见表 8-15。可见河道水流流速的变化规律同 50 年一遇洪水情况相近，水流流速的变化区域主要在第二座桥上下游局部水域，其上游 5# 测流断面流速减小在 0.07 m/s 以内，下游 6# 断面受桥墩阻挡的测点流速减小 0.01～0.07 m/s，在两墩之间的测点流速增大 0.02～0.06 m/s。第二座桥上游 30 m 处的两墩之间测点流速增大 0.09 m/s，墩前测点流速减小 0.09 m/s。河道流速值详见表8-15。河道水流流态见图 8-8。

表 8-15 水流流速统计

断面号	测点	流速(m/s)		
		单座桥	两座桥	差值
1#	1	0.75	0.75	0.00
	2	0.60	0.61	0.01
	3	0.62	0.62	0.00

断面号	测点	流速(m/s)		
		单座桥	两座桥	差值
2#	1	0.71	0.71	0.00
	2	0.49	0.51	0.02
	3	0.71	0.71	0.00
3#	1	0.77	0.78	0.01
	2	0.61	0.60	−0.01
	3	0.52	0.52	0.00
	4	0.58	0.58	0.00
	5	0.74	0.74	0.00
4#	1	0.72	0.72	0.00
	2	0.57	0.56	−0.01
	3	0.49	0.49	0.00
	4	0.54	0.55	0.01
	5	0.66	0.63	−0.03
5#	1	0.66	0.60	−0.06
	2	0.53	0.50	−0.03
	3	0.52	0.50	−0.02
	4	0.61	0.55	−0.06
	5	0.65	0.58	−0.07
6#	1	0.72	0.78	0.06
	2	0.58	0.60	0.02
	3	0.53	0.52	−0.01
	4	0.56	0.53	−0.03
	5	0.70	0.63	−0.07
7#	1	0.77	0.77	0.00
	2	0.68	0.68	0.00
	3	0.50	0.51	0.01
	4	0.66	0.65	−0.01
	5	0.65	0.65	0.00

续表

断面号	测点	流速(m/s)		
		单座桥	两座桥	差值
8#	1	0.83	0.83	0.00
	2	0.72	0.72	0.00
	3	0.69	0.69	0.00
	4	0.74	0.74	0.00
	5	0.69	0.69	0.00
桥前 30 m	墩间	0.49	0.58	0.09
	墩前	0.56	0.47	−0.09

图 8-8　河道水流流态图

8.4.4　两座桥工况(间距 500 m)

8.4.4.1　桥梁阻水

(1) 50 年一遇洪水

在独流减河上建成单座桥的情况下,在单座桥上游 500 m 建成第二座桥梁后,河道沿程水位变化见表 8-16。与单座桥工况相比,第二座桥建成后,河道的水位变化主要表现在:第二座桥上游 30 m、70 m、150 m 水位壅高 0.01 m,上游 670 m 水位壅高 0.005 m,第二座桥下游 60 m、下游 150 m 处水位跌落 0.01 m。

第二座桥上游 1 km 附近没有设水位站,其上游 1570 m 处水位没有变化。下游其他水位站水位没有变化。

与无桥梁的情况相比,间距为 500 m 的两座桥建成后,河道沿程水位壅高最大值为 0.015 m,位于第二座桥上游 30~150 m 处,第二座桥上游 670 m 水位壅高 0.01 m,第一座桥上游 30~300 m 处水位壅高 0.01 m。第一座桥下游 60~150 m 水位跌落 0.01 m。

河道沿程水面线变化见图 8-9。河道右岸水位变化见表 8-17,河道右岸水位变化与河道中心水位站水位变化规律相同。

表 8-16　沿程水位表

水位站		河道右岸水位(m)					
第一座桥	第二座桥	单座桥	两座桥	差值	无桥梁	两座桥	差值
桥上 3 900 m	桥上 3 370 m	6.130	6.130	0.000	6.130	6.130	0.000
桥上 3 000 m	桥上 2 470 m	6.120	6.120	0.000	6.120	6.120	0.000
桥上 2 100 m	桥上 1 570 m	6.110	6.110	0.000	6.110	6.110	0.000
桥上 1 200 m	桥上 670 m	6.110	6.115	0.005	6.105	6.115	0.010
桥上 680 m	桥上 150 m	6.110	6.120	0.010	6.105	6.120	0.015
桥上 600 m	桥上 70 m	6.110	6.120	0.010	6.105	6.120	0.015
桥上 560 m	桥上 30 m	6.110	6.120	0.010	6.105	6.120	0.015
桥上 440 m	桥下 60 m	6.110	6.100	−0.010	6.100	6.100	0.000
桥上 350 m	桥下 150 m	6.110	6.100	−0.010	6.100	6.100	0.000
桥上 300 m	桥下 200 m	6.110	6.110	0.000	6.100	6.110	0.010
桥上 150 m	桥下 350 m	6.110	6.110	0.000	6.100	6.110	0.010
桥上 90 m	桥下 410 m	6.110	6.110	0.000	6.100	6.110	0.010
桥上 60 m	桥下 440 m	6.110	6.110	0.000	6.100	6.110	0.010
桥上 30 m	桥下 470 m	6.110	6.110	0.000	6.100	6.110	0.010
桥下 60 m	桥下 590 m	6.090	6.090	0.000	6.100	6.090	−0.010
桥下 150 m	桥下 680 m	6.080	6.080	0.000	6.090	6.080	−0.010
桥下 300 m	桥下 830 m	6.090	6.090	0.000	6.090	6.090	0.000
桥下 900 m	桥下 1 430 m	6.020	6.020	0.000	6.020	6.020	0.000
挡潮闸	挡潮闸	5.940	5.940	0.000	5.940	5.940	0.000

表 8-17　河道右岸水位

水位站		河道右岸水位(m)					
第一座桥	第二座桥	单座桥	两座桥	差值	无桥梁	两座桥	差值
桥上 1 200 m	桥上 670 m	6.110	6.115	0.005	6.105	6.115	0.010
桥上 680 m	桥上 150 m	6.110	6.120	0.010	6.105	6.120	0.015
桥上 600 m	桥上 70 m	6.110	6.120	0.010	6.105	6.120	0.015
桥上 560 m	桥上 30 m	6.110	6.120	0.010	6.105	6.120	0.015
桥上 300 m	桥下 200 m	6.110	6.110	0.000	6.100	6.110	0.010
桥上 150 m	桥下 350 m	6.110	6.110	0.000	6.100	6.110	0.010
桥上 90 m	桥下 410 m	6.110	6.110	0.000	6.100	6.110	0.010
桥上 60 m	桥下 440 m	6.110	6.110	0.000	6.100	6.110	0.010
桥上 30 m	桥下 470 m	6.110	6.110	0.000	6.100	6.110	0.010

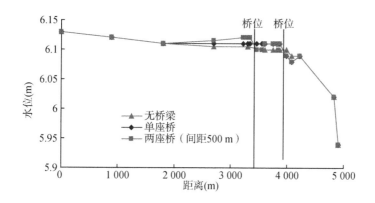

图 8-9　河道水面线

（2）100 年一遇洪水

在 100 年一遇洪水条件下,与单座桥工况相比,河道第二座桥(在单座桥上游 500 m 处)建成后,上游水流受桥墩阻水影响,局部水位有所壅高,其上游 30 m 水位壅高 0.02 m,上游 70 m、150 m、670 m 水位分别壅高 0.01 m,上游 1 km 附近没有设置水位站,上游 1 570 m 水位没有变化。第二座桥下游局部水域水位略有降低,其下游 60 m 水位跌落 0.02 m,下游 150 m 水位跌落 0.01 m。河道其他水位站水位变化详见表 8-18。

与无桥梁的情况相比,间距为 500 m 的两座桥建成后,河道水位壅高最大值为 0.03 m,位于第二座桥上游 30 m 处。第二座桥上游 70～150 m,以及第一座桥上游 60～90 m 水位壅高在 0.02 m 以内。第一座桥上游 150 m、300 m 水位壅高 0.01 m。河道水位跌落值最大为 0.02 m，位于第一座桥下游 60 m 处。第一座桥下游 150 m、第二座桥下游 60 m 水位跌落 0.01 m。河道沿程水位变化见表 8-18。

河道右岸水位站水位与河道中心水位变化规律相同，详见表 8-19。河道水面线见图 8-10。

表 8-18　沿程水位表

水位站		河道右岸水位(m)					
第一座桥	第二座桥	单座桥	两座桥	差值	无桥梁	两座桥	差值
桥上 3 900 m	桥上 3 370 m	6.220	6.220	0.000	6.220	6.220	0.000
桥上 3 000 m	桥上 2 470 m	6.200	6.200	0.000	6.200	6.200	0.000
桥上 2 100 m	桥上 1 570 m	6.200	6.200	0.000	6.200	6.200	0.000
桥上 1 200 m	桥上 670 m	6.200	6.210	0.010	6.195	6.210	0.015
桥上 680 m	桥上 150 m	6.190	6.200	0.010	6.180	6.200	0.020
桥上 600 m	桥上 70 m	6.190	6.200	0.010	6.180	6.200	0.020
桥上 560 m	桥上 30 m	6.190	6.210	0.020	6.180	6.210	0.030
桥上 440 m	桥下 60 m	6.190	6.170	−0.020	6.180	6.170	−0.010
桥上 350 m	桥下 150 m	6.190	6.180	−0.010	6.180	6.180	0.000
桥上 300 m	桥下 200 m	6.190	6.190	0.000	6.180	6.190	0.010
桥上 150 m	桥下 350 m	6.190	6.190	0.000	6.180	6.190	0.010
桥上 90 m	桥下 410 m	6.190	6.190	0.000	6.180	6.190	0.010
桥上 60 m	桥下 440 m	6.190	6.190	0.000	6.180	6.190	0.010
桥上 30 m	桥下 470 m	6.200	6.200	0.000	6.180	6.200	0.020
桥下 60 m	桥下 590 m	6.160	6.160	0.000	6.180	6.160	−0.020
桥下 150 m	桥下 680 m	6.160	6.160	0.000	6.170	6.160	−0.010
桥下 300 m	桥下 830 m	6.170	6.170	0.000	6.170	6.170	0.000
桥下 900 m	桥下 1 430 m	6.100	6.100	0.000	6.100	6.100	0.000
挡潮闸	挡潮闸	6.010	6.010	0.000	6.010	6.010	0.000

表 8-19 河道右岸水位

水位站		河道右岸水位(m)					
第一座桥	第二座桥	单座桥	两座桥	差值	无桥梁	两座桥	差值
桥上 1 200 m	桥上 670 m	6.200	6.210	0.010	6.195	6.210	0.015
桥上 680 m	桥上 150 m	6.190	6.200	0.010	6.180	6.200	0.020
桥上 600 m	桥上 70 m	6.190	6.200	0.010	6.180	6.200	0.020
桥上 560 m	桥上 30 m	6.190	6.210	0.020	6.180	6.210	0.030
桥上 300 m	桥下 200 m	6.190	6.190	0.000	6.180	6.190	0.010
桥上 150 m	桥下 350 m	6.190	6.190	0.000	6.180	6.190	0.010
桥上 90 m	桥下 410 m	6.190	6.190	0.000	6.180	6.190	0.010
桥上 60 m	桥下 440 m	6.190	6.190	0.000	6.180	6.190	0.010
桥上 30 m	桥下 470 m	6.200	6.200	0.000	6.180	6.200	0.020

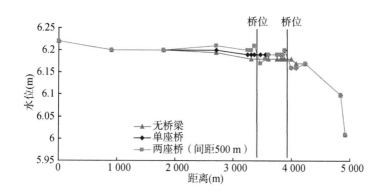

图 8-10 河道水面线变化图

8.4.4.2 流速变化

（1）50 年一遇洪水

在 50 年一遇洪水条件下，与单座桥工况相比，河道的水流流速变化主要在第二座桥上下游局部水域中。由流速统计表 8-20 可见，第二座桥上游 235 m 处的 4# 断面测点水流流速变化较小，变化幅度在 0.02 m/s 以内。第二座桥下游 135 m 的 5# 断面受桥墩阻挡影响的测点流速减小 0.02～0.04 m/s，不受阻挡影响的测点流速增大 0.01～0.04 m/s。设置在桥上 30 m 处，桥墩正上游的测点受桥墩阻水影响，流速减小 0.06 m/s，在两墩之间正上游测点流速增大 0.08 m/s。河道中其他测点水流流速变化较小。

表 8-20 水流流速统计

断面号	测点	流速(m/s)		
		单座桥	两座桥	差值
1#	1	0.70	0.70	0.00
	2	0.55	0.55	0.00
	3	0.61	0.60	−0.01
2#	1	0.66	0.66	0.00
	2	0.45	0.46	0.01
	3	0.67	0.67	0.00
3#	1	0.72	0.72	0.00
	2	0.62	0.63	0.01
	3	0.49	0.48	−0.01
	4	0.56	0.56	0.00
	5	0.67	0.66	−0.01
4#	1	0.72	0.71	−0.01
	2	0.56	0.56	0.00
	3	0.44	0.42	−0.02
	4	0.51	0.50	−0.01
	5	0.65	0.66	0.01
5#	1	0.65	0.61	−0.04
	2	0.57	0.58	0.01
	3	0.52	0.50	−0.02
	4	0.60	0.62	0.02
	5	0.65	0.69	0.04
6#	1	0.68	0.68	0.00
	2	0.57	0.57	0.00
	3	0.51	0.51	0.00
	4	0.52	0.52	0.00
	5	0.69	0.69	0.00

续表

断面号	测点	流速（m/s）		
		单座桥	两座桥	差值
7#	1	0.74	0.74	0.00
	2	0.61	0.61	0.00
	3	0.48	0.48	0.00
	4	0.61	0.60	−0.01
	5	0.67	0.67	0.00
8#	1	0.79	0.79	0.00
	2	0.71	0.70	−0.01
	3	0.65	0.65	0.00
	4	0.72	0.72	0.00
	5	0.68	0.68	0.00
桥前 30 m	墩间	0.48	0.56	0.08
	墩前	0.44	0.38	−0.06

（2）100 年一遇洪水

与单座桥相比，在 100 年一遇洪水的条件下，河道水流流速变化规律与 50 年一遇洪水时相近。第二座桥梁建成后，其上游 4# 断面测点流速变化幅度在 0.02 m/s 以内。其下游 5# 断面受桥墩阻挡的测点流速减小 0.02～0.06 m/s，不受阻挡影响的测点流速增大 0.02～0.06 m/s。桥梁墩前 30 m 的测点受桥墩阻水影响较大，流速减小 0.07 m/s，桥前 30 m 在两墩之间测点流速增大 0.09 m/s。河道中其他测点流速见表 8-21。河道水流流态见图 8-11。

表 8-21 水流流速统计

断面号	测点	流速（m/s）		
		单座桥	两座桥	差值
1#	1	0.75	0.75	0.00
	2	0.60	0.61	0.01
	3	0.62	0.62	0.00
2#	1	0.71	0.71	0.00
	2	0.49	0.49	0.00
	3	0.71	0.72	0.01

断面号	测点	流速(m/s)		
		单座桥	两座桥	差值
3#	1	0.77	0.75	−0.02
	2	0.61	0.62	0.01
	3	0.52	0.52	0.00
	4	0.58	0.58	0.00
	5	0.74	0.72	−0.02
4#	1	0.72	0.72	0.00
	2	0.57	0.58	0.01
	3	0.49	0.49	0.00
	4	0.54	0.52	−0.02
	5	0.66	0.65	−0.01
5#	1	0.66	0.60	−0.06
	2	0.53	0.56	0.03
	3	0.52	0.50	−0.02
	4	0.61	0.63	0.02
	5	0.65	0.71	0.06
6#	1	0.65	0.65	0.00
	2	0.58	0.58	0.00
	3	0.53	0.53	0.00
	4	0.56	0.55	−0.01
	5	0.70	0.70	0.00
7#	1	0.74	0.74	0.00
	2	0.60	0.60	0.00
	3	0.50	0.50	0.00
	4	0.59	0.59	0.00
	5	0.66	0.65	−0.01

断面号	测点	流速(m/s)		
		单座桥	两座桥	差值
8#	1	0.83	0.83	0.00
	2	0.72	0.73	0.01
	3	0.69	0.69	0.00
	4	0.74	0.74	0.00
	5	0.69	0.69	0.00
桥前 30 m	墩间	0.47	0.56	0.09
	墩前	0.47	0.40	−0.07

图 8-11　河道水流流态图

8.4.5　两座桥工况(间距 1 000 m)

8.4.5.1　桥梁阻水

(1) 50 年一遇洪水

两桥间距为 1 000 m 的工况与单座桥工况相比,河道水位变化主要表现在:第二座桥上游 30 ～1 070 m 水位壅高 0.01 m。第二座桥下游局部水域水位跌落,其下游 60～150 m 水位跌落 0.01 m。其他水位站水位工程前后变化较小,沿程各水位站水位见表 8-22。

与河道中无桥梁时相比,间距为 1 000 m 的两座桥建成后,河道水位壅高最大值为 0.015 m,位于第二座桥上游 30～170 m。第二座桥上游 1 070 m、第一座桥上游 30～300 m 水位壅高 0.01 m。河道水位跌落最大为 0.01 m,位于第一座桥下游 60～150 m。河道其他水位站水位工程前后变化较小。

两座桥建成后的沿程水位见表 8-22,河道右岸水位见表 8-23,可见河道右岸水位与河道中心水位变化规律相同。河道水面线变化见图 8-12。

表 8-22　沿程水位表

水位站位置		水位(m)					
第一座桥	第二座桥	单座桥	两座桥	差值	无桥梁	两座桥	差值
桥上 3 900 m	桥上 2 870 m	6.130	6.130	0.000	6.130	6.130	0.000
桥上 3 000 m	桥上 1 970 m	6.120	6.120	0.000	6.120	6.120	0.000
桥上 2 100 m	桥上 1 070 m	6.110	6.120	0.010	6.110	6.120	0.010
桥上 1 200 m	桥上 170 m	6.110	6.120	0.010	6.105	6.120	0.015
桥上 1 120 m	桥上 90 m	6.110	6.120	0.010	6.105	6.120	0.015
桥上 1 060 m	桥上 30 m	6.110	6.120	0.010	6.105	6.120	0.015
桥上 940 m	桥下 60 m	6.110	6.100	−0.010	6.105	6.100	−0.005
桥上 850 m	桥下 150 m	6.110	6.100	−0.010	6.105	6.100	−0.005
桥上 600 m	桥下 400 m	6.110	6.110	0.000	6.105	6.110	0.005
桥上 300 m	桥下 700 m	6.110	6.110	0.000	6.100	6.110	0.010
桥上 150 m	桥下 850 m	6.110	6.110	0.000	6.100	6.110	0.010
桥上 90 m	桥下 910 m	6.110	6.110	0.000	6.100	6.110	0.010
桥上 60 m	桥下 940 m	6.110	6.110	0.000	6.100	6.110	0.010
桥上 30 m	桥下 970 m	6.110	6.110	0.000	6.100	6.110	0.010
桥下 60 m	桥下 1 090 m	6.090	6.090	0.000	6.100	6.090	−0.010
桥下 150 m	桥下 1 180 m	6.080	6.080	0.000	6.090	6.080	−0.010
桥下 300 m	桥下 1330 m	6.090	6.090	0.000	6.090	6.090	0.000
桥下 9 00 m	桥下 1 930 m	6.020	6.020	0.000	6.020	6.020	0.000
挡潮闸	挡潮闸	5.940	5.940	0.000	5.940	5.940	0.000

表 8-23 河道右岸水位

水位站		河道右岸水位(m)					
第一座桥	第二座桥	单座桥	两座桥	差值	无桥梁	两座桥	差值
桥上 1 200 m	桥上 170 m	6.110	6.120	0.010	6.105	6.120	0.015
桥上 1 120 m	桥上 90 m	6.110	6.120	0.010	6.105	6.120	0.015
桥上 1 060 m	桥上 30 m	6.110	6.120	0.010	6.105	6.120	0.015
桥上 600 m	桥下 400 m	6.110	6.110	0.000	6.105	6.110	0.005
桥上 300 m	桥下 700 m	6.110	6.110	0.000	6.100	6.110	0.010
桥上 150 m	桥下 850 m	6.110	6.110	0.000	6.100	6.110	0.010
桥上 90 m	桥下 910 m	6.110	6.110	0.000	6.100	6.110	0.010
桥上 60 m	桥下 940 m	6.110	6.110	0.000	6.100	6.110	0.010
桥上 30 m	桥下 970 m	6.110	6.110	0.000	6.100	6.110	0.010

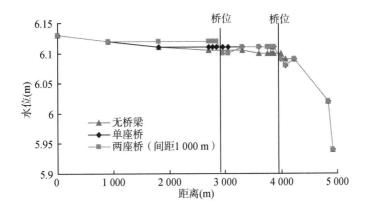

图 8-12 河道水面线变化图

(2) 100 年一遇洪水

在 100 年一遇洪水条件下,与单座桥工况相比,河道水位最大壅高值 0.02 m,位于第二座桥上游 30 m。第二座桥上游 90 m、170 m、1 070 m 处水位壅高 0.01 m,其下游局部水域水位略有跌落,下游 60 m 水位跌落 0.02 m,下游 150 m 水位跌落 0.01 m。

与无桥梁工况相比,河道水位最大壅高值 0.025 m,位于第二座桥上游 30 m。第二座桥上游 90 m 水位壅高 0.015 m,上游 170 m 水位壅高 0.015 m。第一座桥上游 30~90 m 水位壅高 0.015 m,上游 150 m、300 m 水位壅高 0.015 m。河道水位跌落最大为 0.02 m,位于第一座桥下游 60 m 处。河道沿程水位见表8-24,河道水面线变化见图8-13。

河道右岸水位站水位变化规律与设置于河道中央的沿程水位站水位相同,详见表8-25。

表 8-24 沿程水位表

水位站位置		水位(m)					
第一座桥	第二座桥	单座桥	两座桥	差值	无桥梁	两座桥	差值
桥上 3 900 m	桥上 2 870 m	6.220	6.220	0.000	6.220	6.220	0.000
桥上 3 000 m	桥上 1 970 m	6.200	6.200	0.000	6.200	6.200	0.000
桥上 2 100 m	桥上 1 070 m	6.200	6.210	0.010	6.200	6.210	0.010
桥上 1 200 m	桥上 170 m	6.200	6.210	0.010	6.195	6.210	0.015
桥上 1 120 m	桥上 90 m	6.200	6.210	0.010	6.195	6.210	0.015
桥上 1 060 m	桥上 30 m	6.200	6.220	0.020	6.195	6.220	0.025
桥上 940 m	桥下 60 m	6.200	6.180	−0.020	6.190	6.180	−0.010
桥上 850 m	桥下 150 m	6.200	6.190	−0.010	6.190	6.190	0.000
桥上 600 m	桥下 400 m	6.190	6.190	0.000	6.180	6.190	0.010
桥上 300 m	桥下 700 m	6.190	6.190	0.000	6.180	6.190	0.010
桥上 150 m	桥下 850 m	6.190	6.190	0.000	6.180	6.190	0.010
桥上 90 m	桥下 910 m	6.190	6.190	0.000	6.180	6.200	0.020
桥上 60 m	桥下 940 m	6.190	6.190	0.000	6.180	6.200	0.020
桥上 30 m	桥下 970 m	6.200	6.200	0.000	6.180	6.200	0.020
桥下 60 m	桥下 1 090 m	6.160	6.160	0.000	6.180	6.160	−0.020
桥下 150 m	桥下 1 180 m	6.160	6.160	0.000	6.170	6.160	−0.010
桥下 300 m	桥下 1 330 m	6.170	6.170	0.000	6.170	6.170	0.000
桥下 900 m	桥下 1 930 m	6.100	6.100	0.000	6.100	6.100	0.000
挡潮闸	挡潮闸	6.010	6.010	0.000	6.010	6.010	0.000

表 8-25 河道右岸水位

水位站		河道右岸水位(m)					
第一座桥	第二座桥	单座桥	两座桥	差值	无桥梁	两座桥	差值
桥上 1 200 m	桥上 170 m	6.200	6.210	0.010	6.195	6.210	0.015
桥上 1 120 m	桥上 90 m	6.200	6.210	0.010	6.195	6.210	0.015

水位站		河道右岸水位(m)					
第一座桥	第二座桥	单座桥	两座桥	差值	无桥梁	两座桥	差值
桥上 1 060 m	桥上 30 m	6.200	6.220	0.020	6.195	6.220	0.025
桥上 600 m	桥下 400 m	6.190	6.190	0.000	6.180	6.190	0.010
桥上 300 m	桥下 700 m	6.190	6.190	0.000	6.180	6.190	0.010
桥上 150 m	桥下 850 m	6.190	6.190	0.000	6.180	6.190	0.010
桥上 90 m	桥下 910 m	6.190	6.190	0.000	6.180	6.200	0.020
桥上 60 m	桥下 940 m	6.190	6.190	0.000	6.180	6.200	0.020
桥上 30 m	桥下 970 m	6.200	6.200	0.000	6.180	6.200	0.020

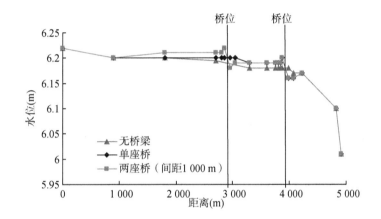

图 8-13　河道水面线变化图

8.4.5.2　流速变化

（1）50 年一遇洪水

在单座桥梁（即第一座桥梁）上游 1 000 m 设置第二座桥梁后,河道沿程各测点流速变化见表 8-26。第二座桥建成后,河道水流流速变化区域主要在其上下游局部水域内,其上游 178 m 的 3# 测流断面流速减小 0.01～0.03 m/s,其下游 235 m 的 4# 断面受桥墩阻挡的测点流速减小 0.01～0.02 m/s,不受桥墩阻挡的测点流速增大 0.01～0.02 m/s,其他测流断面测点流速基本没有变化。桥墩前 30 m 的测点受桥墩阻水影响,流速减小 0.06 m/s,桥前 30 m 顺水流方向设置在两墩之间的测点流速增大 0.07 m/s。各测点流速见表 8-26。

表 8-26　测点流速统计

断面号	测点	流速(m/s)		
		单座桥	两座桥	差值
1#	1	0.70	0.70	0.00
	2	0.55	0.55	0.00
	3	0.61	0.61	0.00
2#	1	0.66	0.65	−0.01
	2	0.45	0.45	0.00
	3	0.67	0.68	0.01
3#	1	0.72	0.69	−0.03
	2	0.62	0.61	−0.01
	3	0.49	0.47	−0.02
	4	0.56	0.53	−0.03
	5	0.67	0.64	−0.03
4#	1	0.72	0.70	−0.02
	2	0.56	0.58	0.02
	3	0.44	0.42	−0.02
	4	0.51	0.50	−0.01
	5	0.65	0.66	0.01
5#	1	0.65	0.65	0.00
	2	0.57	0.56	−0.01
	3	0.52	0.52	0.00
	4	0.60	0.60	0.00
	5	0.65	0.65	0.00
6#	1	0.68	0.68	0.00
	2	0.57	0.57	0.00
	3	0.51	0.51	0.00
	4	0.52	0.51	−0.01
	5	0.69	0.69	0.00

断面号	测点	流速(m/s)		
		单座桥	两座桥	差值
7#	1	0.74	0.75	0.01
	2	0.61	0.60	−0.01
	3	0.48	0.48	0.00
	4	0.61	0.61	0.00
	5	0.67	0.67	0.00
8#	1	0.79	0.78	−0.01
	2	0.71	0.71	0.00
	3	0.65	0.65	0.00
	4	0.72	0.72	0.00
	5	0.68	0.68	0.00
桥前30m	墩间	0.49	0.56	0.07
	墩前	0.43	0.37	−0.06

（2）100 年一遇洪水

在 100 年一遇洪水水流条件下,与单座桥工况相比,河道水流流速变化的主要为第二座桥上下游局部水域,第二座桥上游 3# 测流断面流速减小 0.02～0.04 m/s,其下游的 4# 断面受桥墩阻挡影响的测点流速减小 0.02～0.04 m/s,不受桥墩阻挡影响的测点流速增大 0.03～0.04 m/s。设置于桥前 30 m,顺水流向受桥墩阻挡影响的测点流速减小 0.08 m/s,顺水流向在两墩之间的测点流速增大 0.09 m/s。河道其他测点流速变化较小,详见表 8-27。河道水流流态照片见图 8-14。

表 8-27 测点流速统计

断面号	测点	流速(m/s)		
		单座桥	两座桥	差值
1#	1	0.75	0.74	−0.01
	2	0.60	0.60	0.00
	3	0.62	0.63	0.01

续表

断面号	测点	流速(m/s)		
		单座桥	两座桥	差值
2#	1	0.71	0.71	0.00
	2	0.49	0.48	−0.01
	3	0.71	0.71	0.00
3#	1	0.77	0.74	−0.03
	2	0.61	0.58	−0.03
	3	0.52	0.52	0.00
	4	0.58	0.56	−0.02
	5	0.74	0.70	−0.04
4#	1	0.72	0.68	−0.04
	2	0.57	0.60	0.03
	3	0.49	0.47	−0.02
	4	0.54	0.50	−0.04
	5	0.66	0.70	0.04
5#	1	0.66	0.66	0.00
	2	0.53	0.52	−0.01
	3	0.52	0.52	0.00
	4	0.61	0.60	−0.01
	5	0.65	0.65	0.00
6#	1	0.65	0.64	−0.01
	2	0.58	0.58	0.00
	3	0.53	0.52	−0.01
	4	0.56	0.57	0.01
	5	0.70	0.70	0.00
7#	1	0.74	0.74	0.00
	2	0.60	0.60	0.00
	3	0.50	0.51	0.01
	4	0.59	0.59	0.00
	5	0.66	0.66	0.00

续表

断面号	测点	流速(m/s)		
		单座桥	两座桥	差值
8#	1	0.83	0.83	0.00
	2	0.72	0.72	0.00
	3	0.69	0.68	−0.01
	4	0.74	0.74	0.00
	5	0.69	0.69	0.00
桥前30m	墩间	0.63	0.72	0.09
	墩前	0.49	0.41	−0.08

图 8-14　水流流态图

8.5　桥桩糙率公式

8.5.1　计算公式

根据已有的研究,桩群的阻力系数 ξ 可以用如下公式表示:

$$\xi = NK_L K_B \xi_0 \tag{8-1}$$

式中：ξ 为桩群阻力系数，N 为单位面积中的桩群总数，K_L 为桩群纵向折减系数，K_B 为桩群横向影响系数，ξ_0 为单桩阻力系数，可根据文献[22]选取。

桩群纵向折减系数 K_L 与桩前后的距离 L，以及桩直径 d 之间的关系，根据文献[22]已有的水槽试验研究结果，可表示为图 8-15。随着桩前后距离的增大，纵向折减系数越来越大，说明随着桩前后的距离加大，桩之间的相互影响越来越小。

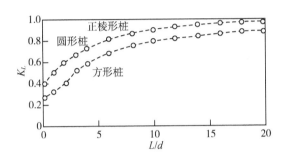

图 8-15　桩群纵向折减系数 K_L 与 L/d 关系图[22]

桩群横向影响系数 K_B 与桩横向距离 B 以及桩直径 d 之间的关系，如图 8-16 所示。可见当桩横向距离越来越大时，桩群横向影响系数 K_B 越来越小，最后等于 1。

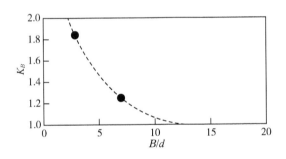

图 8-16　桩群横向折减系数 K_B 与 B/d 关系图[22]

在数值模拟计算中，一般将阻力系数转化为糙率的形式，可以用下式表示：

$$n = h^{1/6} / \sqrt{8g/\xi} \tag{8-2}$$

式中：n 为桥墩所在位置的糙率，h 为桥位平均水深，g 为重力加速度，ξ 为桥桩阻力系数，可以用式(8-1)表示，其中 K_L、K_B 可以由图 8-15、图 8-16 查得。

8.5.2 公式验证

采用式(8-1)计算阻力系数,本次模型试验研究对象为圆形桥桩,根据文献 [22] ξ_0 取 0.73。L/d 约为 4.6,查图 8-15,取 0.76。$B/d=15.38$,查图 8-16,取 $K_B=1$。根据公式计算得到 ξ,代入式(8-2),计算得到桥墩所在位置的糙率 $n=0.045$。

取单座桥梁在 50 年一遇及 100 年一遇洪水情况下的阻水试验结果,根据谢才公式 $Q = AC\sqrt{RJ}$,其中 $J = \Delta Z/l$,计算得出谢才系数 C。代入曼宁公式 $C = n^{1/6}/R$,可反算出糙率 $n=0.040$,结果与式(8-1)、式(8-2)的计算值很接近,因此,可以用式(8-1)、(8-2)计算桥桩糙率。

联立式(8-1)、式(8-2),并通过查图 8-15、图 8-16,可以得到数值模拟计算中单座桥梁所在网格的糙率。相应地,在研究范围内有第二座、第三座桥梁,甚至更多桥梁时,可以在每座桥梁所在位置的网格设置计算所得的糙率,从而计算出多座桥梁的联合阻水影响。

8.6 小结

桥梁阻水的模型试验主要考虑了河道中无桥梁、单座桥梁,以及在单座桥梁的基础上以不同的间距(200 m、500 m、1 000 m)再设置第二座桥梁的五种工况。

在 50 年一遇洪水条件下,从对河道水位的影响来看,与无桥梁工况相比,单座桥河道最大壅水高度 0.01 m,两座桥间距 200 m 时最大壅水高度 0.02 m,间距 500 m 时最大壅水高度 0.015 m,间距 1 000 m 时最大壅水高度 0.015 m。各种工程下,最大壅水高度位于桥位上游 30~90 m 之间。可见两桥间距在 200~1 000 m 的情况下,桥梁的壅水高度比单座桥梁高,随着间距的增大壅水高度有所减小。从对河道水流流速的影响来看,无桥梁工程下,河道水流流速为 0.44~0.79 m/s,单座桥、两座桥梁建成后,不会改变河道的整体流态,仅局部水域流速有变化,最大流速变化在 0.08 m/s 以内。

在 100 年一遇洪水条件下,与无桥梁相比,单座桥河道最大壅水高度 0.02 m,两座桥间距 200 m 时最大壅水高度 0.03 m,间距 500 m 时最大壅水高度 0.03 m,间距 1 000 m 时最大壅水高度为 0.025 m。可见两桥的联合壅水高度大于单座桥梁的壅水高度,随着间距的增大,其联合阻水效应减小。从对河道水流流速的影响来看,无桥梁工程下,河道水流流速为 0.49~0.81 m/s,单座桥、两座桥梁建成后,仅局部水域流速有变化,最大流速变化在 0.10 m/s 以内。

因此可以看出,两桥的间距越近,对河道水位影响越大。总体来看,当两桥间距小于单座桥的壅水长度时,两座桥梁对河道水流产生联合阻水影响。

在桥梁阻水的数值模拟计算中,一般将桥桩的阻力系数转化为糙率的形式,利用公式 $\xi = NK_L K_B \xi_0$、$n = h^{1/6} / \sqrt{8g/\xi}$ 可以得到桥梁所在网格的糙率。经过与模型试验计算结果的对比,用这两个公式计算桥桩糙率与试验结果接近。

在研究范围内有第二座、第三座桥梁及更多桥梁时,可以在每座桥梁所处的网格设置相应的糙率,从而计算多座桥梁的联合阻水影响。

9

结论

(1) 永定新河河口外有着广阔的淤泥质浅滩,岸滩坡度平缓。河口区 5～10 km 范围分布着表面容重为 1.1～1.3 t/m³、厚度在 0.5～1.6 m 的新淤淤泥或浮泥。从 2000 年和 2005 年的床沙实测资料来看:河口区床沙中值粒径介于 0.012～0.016 mm 之间,口外海域床沙中值粒径介于 0.011～0.041 mm 之间。

(2) 独流减河口附近海域沉积物属于细粉砂质淤泥。由 2008 年 7 月和 2009 年 6 月实测资料可知,河口附近泥沙中值粒径范围在 0.003 1～0.020 6 mm 之间,平均中值粒径为 0.0047～0.0075 mm。可见独流减河口海域沉积物属于黏土质细粉砂。

(3) 从 1993—1995 年漳卫新河闸下 30 km 河道滩槽实测泥沙资料来看,漳卫新河河道沿程泥沙中值粒径介于 0.013～0.038mm 之间,平均中值粒径为 0.026 8 mm,干容重为 1.284～1.431 g/cm³,从 2003 年 6 月(汛前)和 9 月(汛后)漳卫新河河口附近的全潮水文测验资料可以看出,床沙的中值粒径在 0.011～0.044 mm 之间,悬沙的中值粒径为 0.011 mm。

(4) 从 2014 年 4 月份河床质取样的颗分试验结果来看,永定新河河口泥沙中值粒径 0.043 mm,相对较粗。独流减河河口泥沙中值粒径为 0.007 mm,与 2008 年测量结果接近。独流减河闸上 5 km 中值粒径为 0.023 mm,独流减河闸上 2 km 中值粒径为 0.012 mm,基本上在 2008 年实测泥沙中值粒径的变化范围之内。漳卫新河闸下 10 km、漳卫新河河口泥沙中值粒径为 0.032 mm,在历史实测泥沙粒径变化范围之内。历来测量资料的泥沙中值粒径有所差异可能与该区域受海域风浪影响有关。

(5) 永定新河、独流减河、漳卫新河的泥沙容重试验表明,泥沙容重随时间呈逐渐增大的趋势。在 3 天以内,泥沙容重变化幅度较大,在 3 天以后,泥沙容重变化幅度较小,一个月后,不同取样点的泥沙容重基本在 1 400 kg/m³ 左右。

(6) 泥沙沉降试验得出不同水深情况下永定新河、独流减河、漳卫新河取样点的泥沙沉降速度,各条河流的泥沙沉降速度基本上呈水深越大,沉速越大的规律。其中,独流减河闸上 2 km 处的取样点泥沙沉降速度最大。

(7) 通过大型变坡水槽试验,研究了泥沙在不同水深条件下的启动速度。在已有的经验公式的基础上,确定拟合常数,得出适用于海河流域骨干入海尾闾的泥沙启动公式分别为:永定新河河口 $\frac{U_c^2}{g} = \left(-99 + 17\ 130\ \frac{h}{h_a}\right)\frac{h_a\delta}{D}$;独流减河河口 $\frac{U_c^2}{g} = \left(-12 + 1\ 920\ \frac{h}{h_a}\right)\frac{h_a\delta}{D}$;独流减河闸上河道 $\frac{U_c^2}{g} = \left(5 + 4\ 409\ \frac{h}{h_a}\right)\frac{h_a\delta}{D}$;漳卫新河 $\frac{U_c^2}{g} = \left(9 + 6\ 591\ \frac{h}{h_a}\right)\frac{h_a\delta}{D}$。波浪影响下渤海湾海域内的泥沙启动公式,选用窦国仁公式。

(8) 通过大型变坡水槽进行了水流挟沙能力试验,根据水槽试验结果及已

有的经验公式,建立了海河流域骨干入海尾闾挟沙能力计算公式 $S = 0.006$ $\left(\dfrac{U^3}{gh\omega}\right)^{0.50}$。而对于渤海湾海域内的水流挟沙能力计算,应考虑潮流与波浪共同作用下的影响,建议采用刘家驹公式 $S = 0.027\,3\gamma_s \dfrac{(|V_1| + |V_2|)^2}{gh}$ 进行计算。

(9)通过物理模型对桥梁阻水进行了研究,模型试验以独流减河挡潮闸上 6 km 河道作为模型范围,桥梁以已有的东风桥桥梁结构为原型,模型的平面比尺为 300,垂直比尺为 100,河槽糙率根据唐存本公式采用卵石加糙,模型滩地根据塑料草加糙试验成果进行加糙。采用 50 年一遇洪水以及 100 年一遇洪水作为模型试验的水流条件。

(10)在 50 年一遇洪水条件下,与无桥梁河道相比,单座桥最大壅水高度 0.01 m,间距 200 m 的两座桥最大壅水高度 0.02 m,间距 500 m、1 000 m 的两座桥最大壅水高度 0.015 m。可见两桥间距为 200~1 000 m 的工况,两桥的联合壅水高度大于单座桥梁的壅水高度。

(11)在 100 年一遇洪水条件下,与无桥梁河道相比,单座桥河道最大壅水高度 0.02 m。两座桥间距为 200 m、500 m 的情况下,最大壅水高度 0.03 m,间距 1 000 m 的情况下,最大壅水高度 0.025 m。可以看出,两桥的间距越近,对河道水位影响越大。总体来看,两座桥间距小于单座桥的壅水长度时,会对河道水流产生联合阻水影响,影响程度随着间距的增大而减小。

(12)在桥梁阻水的数值模拟计算中,一般将桥桩的阻力系数转化为糙率的形式,利用公式 $\xi = NK_LK_B\xi_0$、$n = h^{1/6}/\sqrt{8\,g/\xi}$ 可以得到单座桥梁所在网格的糙率。研究河道上的第二座、第三座及更多桥梁时,可以在每座桥梁所处的网格设置相应的糙率,从而计算多座桥梁的联合阻水影响。

参考文献

[1] 郑裕君.永定新河泥沙运动情况研究[R].天津市水文总站,1996.3.

[2] 孙林云,董建维,刘建军,等.永定新河河口区水动力条件及泥沙运动特性分析研究[R].南京水利科学研究院,2001.2.

[3] 刘建军,程和霖,丁元国.永定新河河口外海底床面淤泥容重测量报告[R].南京水利科学研究院,2005.7.

[4] 孙林云,韩信,孙波.永定新河河口右岸天津港东疆港区防洪影响工程措施试验研究报告[R].南京水利科学研究院,2010.8.

[5] 韩信,孙林云,孙波,等.独流减河河口综合整治规划调整模型试验研究报告[R].南京水利科学研究院,2010.5.

[6] 宗明富,刘建军,孙林云,等.漳卫新河河口治理规划泥沙冲淤专题报告研究[R].南京水利科学研究院,2005.8.

[7] 白玉川,邢焕政,顾元梭.独流减河口泥沙运动规律数学模拟及河口泥沙来源分析[J].海洋通报,1999,6(18):51-55.

[8] 韩清波.独流减河口泥沙数学模型研究及应用[D].天津:天津大学,2004.

[9] 卢书红,刘小永.河道中桥梁壅水计算方法比较[J].探索与研究,2012(9):52.

[10] 李龙辉,刘宝.跨河桥梁壅水计算的简化公式法[J].东北水利水电,2008,26(12):50-52.

[11] 李付军,张佰战.桥渡壅水计算[J].铁道标准设计,2005(5):43-45.

[12] 郭晓晨,陈文学,穆祥鹏,等.南水北调中线干渠桥墩壅水计算公式的选择[J].南水北调与水利科技,2009,7(6):108-112.

[13] 李奇,王义刚,谢锐才.桥墩局部冲刷公式研究进展[J].水利水电科技进展,2009,29(2):85-88.

[14] 赵凯,唐存本,张幸农.桥墩冲刷研究综述[C].//第七届全国泥沙基本理论研究学术讨论会论文集,西安,2008.

[15] 左利钦,陆永军,季荣耀.桥墩概化的二维数值水槽初步研究[C].中国力学学会2009学术大会,郑州,2009.

[16] 张细兵,余新明,金琨.桥渡壅水对河道水位流场影响二维数值模拟[J].人民长江,2003,34(4):23-24+40.

［17］陈曦.长江口细颗粒泥沙静水沉降试验研究［D］.青岛：中国海洋大学,2013.

［18］钱宁,万兆慧.泥沙运动力学［M］.北京：科学出版社,2003.

［19］窦国仁.论泥沙启动流速［J］.水力学报,1960(4):22.

［20］姬昌辉,洪大林,丁瑞.水生植物的水动力学效应及护坡关键技术研究报告［R］.南京水利科学研究院,2011.12.

［21］李昌华,金德春.河工模型试验［M］.北京：人民交通出版社,1981.

［22］唐士芳,李蓓.桩群阻力影响下的潮流数值模拟研究［J］.中国港湾建设,2001(5):25-29.

［23］中交第一航务工程勘察设计院有限公司.海港水文规范：JTS 145－2－2013［S］.北京：人民交通出版社,2013.

［24］卢路,于赢东,刘家宏,等.海河流域的水文特性分析［J］.海河水利,2011(6):1-3.

［25］李国英.海河流域治理的三大技术难题及其对策思路［J］.水利水电技术,1999,30(10):6-8.

［26］中华人民共和国水利部.河工模型试验规程：SL 99－2012［S］.北京：中国水利水电出版,2012.